U0334469

同济博士论丛
TONGJI Dissertation Series

总主编 伍江 副总主编 雷星晖

马文涛 李前裕 田 军 著

新生代晚期冰盖与大洋碳储库变化的
轨道周期及其数值模型分析

Box Model Simulation of Orbital Cyclicity in the
Late Cenozoic Ice Sheet and Oceanic Carbon
Reservoir Changes

同济大学 出版社
TONGJI UNIVERSITY PRESS

内 容 提 要

　　本书对新生代晚期冰盖与大洋碳循环的轨道周期进行了研究并对其数值模型进行了分析。基于箱式模型,加入了冰盖、海冰和大气模式,重点考查了冰盖和热带过程共同作用下 CO_2 和大洋 $\sigma^{13}C$ 的响应。通过数学统计方法进一步讨论了轨道驱动高低维气候变化和大洋碳储库的关系。

　　本书可供海洋地质专业的高校师生和古气候转型的研究人士参考。

图书在版编目(CIP)数据

新生代晚期冰盖与大洋碳储库变化的轨道周期及其数
值模型分析 / 马文涛,李前裕,田军著. —上海:同济大学
出版社,2017.5
　　(同济博士论丛 / 伍江总主编)
　　ISBN 978 - 7 - 5608 - 7026 - 7

　　Ⅰ. ①新… Ⅱ. ①马… ② 李… ③田… Ⅲ. ①晚新生
代—海水—碳—储量—数值模拟—化学分析　Ⅳ.
①P734.4

　　中国版本图书馆 CIP 数据核字(2017)第 093479 号

新生代晚期冰盖与大洋碳储库变化的
轨道周期及其数值模型分析

马文涛　李前裕　田　军　著

出 品 人　华春荣　　责任编辑　冯寄湘　胡晗欣
责任校对　徐春莲　　封面设计　陈益平

出版发行　同济大学出版社　　www. tongjipress. com. cn
　　　　　(地址:上海市四平路 1239 号　邮编:200092　电话:021 - 65985622)
经　　销　全国各地新华书店
排版制作　南京展望文化发展有限公司
印　　刷　浙江广育爱多印务有限公司
开　　本　787 mm×1092 mm　　1/16
印　　张　10.25
字　　数　205 000
版　　次　2017 年 8 月第 1 版　　2017 年 8 月第 1 次印刷
书　　号　ISBN 978 - 7 - 5608 - 7026 - 7

定　　价　78.00 元

"同济博士论丛"编写领导小组

"同济博士论丛"编辑委员会

袁万城　莫天伟　夏四清　顾　明　顾祥林　钱梦騄
徐　政　徐　鉴　徐立鸿　徐亚伟　凌建明　高乃云
郭忠印　唐子来　阎耀保　黄一如　黄宏伟　黄茂松
戚正武　彭正龙　葛耀君　董德存　蒋昌俊　韩传峰
童小华　曾国苏　楼梦麟　路秉杰　蔡永洁　蔡克峰
薛　雷　霍佳震

秘书组成员： 谢永生　赵泽毓　熊磊丽　胡晗欣　卢元姗　蒋卓文

总　序

在同济大学110周年华诞之际，喜闻"同济博士论丛"将正式出版发行，倍感欣慰。记得在100周年校庆时，我曾以《百年同济，大学对社会的承诺》为题作了演讲，如今看到付梓的"同济博士论丛"，我想这就是大学对社会承诺的一种体现。这110部学术著作不仅包含了同济大学近10年100多位优秀博士研究生的学术科研成果，也展现了同济大学围绕国家战略开展学科建设、发展自我特色，向建设世界一流大学的目标迈出的坚实步伐。

坐落于东海之滨的同济大学，历经110年历史风云，承古续今、汇聚东西，秉持"与祖国同行、以科教济世"的理念，发扬自强不息、追求卓越的精神，在复兴中华的征程中同舟共济、砥砺前行，谱写了一幅幅辉煌壮美的篇章。创校至今，同济大学培养了数十万工作在祖国各条战线上的人才，包括人们常提到的贝时璋、李国豪、裘法祖、吴孟超等一批著名教授。正是这些专家学者培养了一代又一代的博士研究生，薪火相传，将同济大学的科学研究和学科建设一步步推向高峰。

大学有其社会责任，她的社会责任就是融入国家的创新体系之中，成为国家创新战略的实践者。党的十八大以来，以习近平同志为核心的党中央高度重视科技创新，对实施创新驱动发展战略作出一系列重大决策部署。党的十八届五中全会把创新发展作为五大发展理念之首，强调创新是引领发展的第一动力，要求充分发挥科技创新在全面创新中的引领作用。要把创新驱动发展作为国家的优先战略，以科技创新为核心带动全面创新，以体制机制改革激发创新活力,以高效率的创新体系支撑高水平的创新型国家建设。作为人才培养和科技创新的重要平台,大学是国家创新体系的重要组成部分。同济大学理当围绕国家战略目标的实现,作出更大的贡献。

大学的根本任务是培养人才,同济大学走出了一条特色鲜明的道路。无论是本科教育、研究生教育,还是这些年摸索总结出的导师制、人才培养特区,"卓越人才培养"的做法取得了很好的成绩。聚焦创新驱动转型发展战略,同济大学推进科研管理体系改革和重大科研基地平台建设。以贯穿人才培养全过程的一流创新创业教育助力创新驱动发展战略,实现创新创业教育的全覆盖,培养具有一流创新力、组织力和行动力的卓越人才。"同济博士论丛"的出版不仅是对同济大学人才培养成果的集中展示,更将进一步推动同济大学围绕国家战略开展学科建设、发展自我特色、明确大学定位、培养创新人才。

面对新形势、新任务、新挑战,我们必须增强忧患意识,扎根中国大地,朝着建设世界一流大学的目标,深化改革,勠力前行!

万 钢

2017 年 5 月

论丛前言

承古续今，汇聚东西，百年同济秉持"与祖国同行、以科教济世"的理念，注重人才培养、科学研究、社会服务、文化传承创新和国际合作交流，自强不息，追求卓越。特别是近20年来，同济大学坚持把论文写在祖国的大地上，各学科都培养了一大批博士优秀人才，发表了数以千计的学术研究论文。这些论文不但反映了同济大学培养人才能力和学术研究的水平，而且也促进了学科的发展和国家的建设。多年来，我一直希望能有机会将我们同济大学的优秀博士论文集中整理，分类出版，让更多的读者获得分享。值此同济大学110周年校庆之际，在学校的支持下，"同济博士论丛"得以顺利出版。

"同济博士论丛"的出版组织工作启动于2016年9月，计划在同济大学110周年校庆之际出版110部同济大学的优秀博士论文。我们在数千篇博士论文中，聚焦于2005—2016年十多年间的优秀博士学位论文430余篇，经各院系征询，导师和博士积极响应并同意，遴选出近170篇，涵盖了同济的大部分学科：土木工程、城乡规划学(含建筑、风景园林)、海洋科学、交通运输工程、车辆工程、环境科学与工程、数学、材料工程、测绘科学与工程、机械工程、计算机科学与技术、医学、工程管理、哲学等。作为"同济博士论丛"出版工程的开端，在校庆之际首批集中出版110余部，其余也将陆续出版。

博士学位论文是反映博士研究生培养质量的重要方面。同济大学一直将立德树人作为根本任务，把培养高素质人才摆在首位，认真探索全面提高博士研究生质量的有效途径和机制。因此，"同济博士论丛"的出版集中展示同济大学博士研究生培养与科研成果,体现对同济大学学术文化的传承。

"同济博士论丛"作为重要的科研文献资源,系统、全面、具体地反映了同济大学各学科专业前沿领域的科研成果和发展状况。它的出版是扩大传播同济科研成果和学术影响力的重要途径。博士论文的研究对象中不少是"国家自然科学基金"等科研基金资助的项目,具有明确的创新性和学术性,具有极高的学术价值,对我国的经济、文化、社会发展具有一定的理论和实践指导意义。

"同济博士论丛"的出版,将会调动同济广大科研人员的积极性,促进多学科学术交流、加速人才的发掘和人才的成长,有助于提高同济在国内外的竞争力,为实现同济大学扎根中国大地,建设世界一流大学的目标愿景做好基础性工作。

虽然同济已经发展成为一所特色鲜明、具有国际影响力的综合性、研究型大学,但与世界一流大学之间仍然存在着一定差距。"同济博士论丛"所反映的学术水平需要不断提高,同时在很短的时间内编辑出版110余部著作,必然存在一些不足之处,恳请广大学者,特别是有关专家提出批评,为提高同济人才培养质量和同济的学科建设提供宝贵意见。

最后感谢研究生院、出版社以及各院系的协作与支持。希望"同济博士论丛"能持续出版,并借助新媒体以电子书、知识库等多种方式呈现,以期成为展现同济学术成果、服务社会的一个可持续的出版品牌。为继续扎根中国大地,培育卓越英才,建设世界一流大学服务。

伍 江

2017 年 5 月

前　言

　　新生代晚期以来,全球大洋深海有孔虫碳同位素($\delta^{13}C$)记录中广泛发现 40 万年周期,这一周期可能与偏心率长周期的轨道驱动有关。但 $\delta^{13}C$ 的 40 万年周期并不是一直都稳定存在,在 13.9 百万年(Ma)前和 1.6 Ma 时,$\delta^{13}C$ 的这一长周期就发生过两次重要变化。13.9 Ma 之前是中新世气候适宜期(Miocene Climate Optimum,MCO,17—14 Ma),$\delta^{13}C$ 具有明显的 40 万年周期,且重值期与偏心率长周期的最低值对应。13.9 Ma 东南极冰盖扩张后,40 万年周期则不再明显。1.6 Ma 之前 $\delta^{13}C$ 重值期也与偏心率低值对应,之后,$\delta^{13}C$ 的长周期拉长到 50 万年,重值期不再与偏心率低值对应。目前对 $\delta^{13}C$ 的 40 万年周期的成因及其周期拉长的机制还不明确。

　　本书使用箱式模型研究了热带过程与冰盖相互作用及其对大洋碳循环的影响。箱式模型将海洋划分为 6 个箱体,每个箱体包括了磷酸盐、溶解无机碳(DIC)、碱度(ALK)和 $\delta^{13}C$ 等四个属性。大气箱体接收来自火山和沉积物氧化释放的 CO_2。碳酸盐和硅酸盐的风化产物通过河流向低纬海区输入 DIC 和 ALK。初级生产力受表层箱体中磷酸盐浓度控制。碳酸盐和有机碳埋藏将碳从大洋中移除而碳酸盐的溶解又能使碳重新进入大洋。

本书选择中新世和更新世两个关键时间段。中新世的模拟以轨道参数 ETP 为外部强迫而不考虑冰盖。在 ETP 驱动下,分别改变河流输入 DIC 和 ALK 以及营养盐。$\delta^{13}C$ 模拟结果具有极强的 40 万年周期。底层水 $\delta^{13}C$ 模拟结果与地质记录无论是振幅还是相位都能很好匹配。40 万年周期成因与大洋碳储库 >10 万年的长滞留时间有关。河流输入的 DIC 和 ALK 是控制 $\delta^{13}C$ 变化的主要因素。$\delta^{13}C$ 的 40 万年周期代表了大洋碳储库对热带季风风化过程的响应。偏心率处于高值期时,季风的变化幅度大,物理和化学风化增强,碳酸盐沉积总量也增加但主要以浅海碳酸盐沉积形式保存,表层和底层水 $\delta^{13}C$ 同时变轻,而与河流 DIC 和 ALK 输入同步的 PO_4^{3-} 输入促进了表层生产力和有机碳埋藏增加。反之,季风减弱,河流输入 DIC,ALK 以及营养盐减少,$\delta^{13}C$ 变重。$\delta^{13}C$ 变化主要受无机碳与有机碳埋藏比例控制,当无机碳相对有机碳埋藏增加(减少)时,$\delta^{13}C$ 变轻(变重)。

更新世的模型加入了冰盖、海冰和大气模式,重点考察冰盖和热带过程共同作用下大气 CO_2 和大洋 $\delta^{13}C$ 的响应。模拟结果显示当北半球高纬海区海冰迅速增大时冰盖迅速融化,进入冰消期。而当海冰快速消失后,冰盖则重新缓慢增长。冰盖变化具有明显冰期长,间冰期短的非对称形态。在季节性太阳辐射量的驱动下冰盖变化具有 10 万年冰期—间冰期旋回。当冰盖融化速率受北半球高纬夏季太阳辐射量控制时,冰盖变化的岁差周期明显加强,相位与地质记录一致,说明轨道驱动可以通过非线性相位锁定机制使冰盖变化与其在相位上保持一致。海冰的阻隔效应使大气 CO_2 浓度在冰消期时升高。冰期时大洋环流减弱使大气 CO_2 浓度逐渐降低。当同时考虑冰盖变化和 ETP 驱动的风化作用时,模拟 $\delta^{13}C$ 结果的 40 万年周期减弱而 10 万年周期加强,并且 40 万年周期的相位与不考虑冰盖变化时的相位也存在差异,反映了冰盖变化引起的洋流改组压制了大洋碳循环对热带过程的响应。

本书第三部分以 0—5 Ma 高低纬海水表层温度(SST)、底栖有孔虫 $\delta^{18}O$ 和 $\delta^{13}C$ 记录为基础,采用系列数学统计方法讨论了轨道驱动、高低纬气候变化和大洋碳储库间的关系。研究发现,2.7 Ma 时东西太平洋和高低纬度 SST 差异开始增大,1.7 Ma 时温差进一步增大。SST 演化谱分析结果显示 2.7 Ma 时 4 万年斜率周期开始加强,1.7 Ma 时 4 万年周期进一步加强,至 0.8 Ma 时,10 万年周期强度超过 4 万年周期。南大洋底栖有孔虫合成 $\delta^{13}C$ 记录在 2.9 Ma 时开始快速变轻,对应东边界上升流区生产力的提高,说明南大洋环流系统在 2.9 Ma 发生了重大变化,现代极锋系统开始形成,亚南极模态水、南极中层水和南极底层水可能同时加强引起海洋东边界上升流加强。根据太阳辐射量计算公式发现累积辐射量或年均辐射量以 4 万年周期为主,而日平均或月平均辐射量以岁差周期为主。地质记录中 4 万年周期的外部因素是太阳的累积辐射量或年均辐射量而非日平均或月平均辐射量。SST 与太阳辐射量交叉频谱结果显示,赤道太平洋 SST 与高纬地区的累积太阳辐射量相位一致,影响斜率周期上赤道太平洋 SST 变化的外部强迫应是高纬而非低纬地区的累积太阳辐射量。在 4 万年和 10 万年的冰期—间冰期尺度上,东西赤道太平洋 SST 相位一致,说明温跃层深度的变化也可能是整体垂直方向上的同步运动,而非"跷跷板式"变化。SST 记录中还表现明显的 40 万年周期,可能与碳循环的热带过程有关。当偏心率处于高值期时,岁差调控的季风强盛,有利于河流向海洋输入大量的 DIC 和 ALK,造成大量碳酸盐在浅海沉积,向大气释放大量的 CO_2,从而引起温度升高。当偏心率低值期时,太阳辐射量变化幅度小,季风减弱,浅海碳酸盐沉积减少而造成大气 CO_2 浓度和温度降低。晚上新世以来

2.7—3.2 Ma,1.7—1.9 Ma,0.8—1.2 Ma 地球斜率变化幅度三次达到最小,驱动了气候转型。而根据 $\delta^{13}C$ 计算得到的大气 CO_2 浓度在转型期过程中也表现出阶梯式的下降过程:2.9 Ma 之前大气 CO_2 浓度的平均值保持 270×10^{-6} 的稳定状态,2.9—2 Ma 大气 CO_2 浓度逐步降低至 243×10^{-6},2—1.5 Ma 大气 CO_2 浓度保持稳定,1.5—0.8 Ma 降低至 230×10^{-6} 后维持稳定。大气 CO_2 可能是驱动气候转型的内在驱动力。南大洋是引起大气 CO_2 浓度变化的重点区域,南大洋 $\delta^{13}C$ 变化可能灵敏的记录了大洋碳循环的信息。

目　录

第1章

绪　论

1.1　人类活动与全球变暖

20 世纪工业革命以来,化石燃料的大量使用使大气二氧化碳浓度(pCO_2)不断增加。全球多个站位数十年的观测数据明确显示了 pCO_2 逐年增长的趋势(图 1-1)。2010 年,pCO_2 已达到约 390 百万分之一体积单位($\times 10^{-6}$)以上,比工业革命之前约 280×10^{-6} 和冰期最盛期时约 180×10^{-6} 高出许多。与此同时,其他观测资料显示:全球平均地表温度从 1910 年至今升高约 1℃;自 1961 年以来全球海洋平均温度的增加已延伸到至少 3 000 m 水深;南北半球的山地冰川和积雪总体上都在退缩(Solomon et al.,2007)。地球似乎正经历着一次全球范围的变暖过程,未来的气候变化可能会引起灾难性后果。CO_2 作为一种已知的温室气体理所当然地被认为是全球变暖的"罪魁祸首"。然而对于人类活动造成全球变暖的观点,其实还存在着激烈的争论。例如,一种观点认为目前的气候变化是由于太阳自身活动引起的,而非人类因素。太阳活动能引起地球磁场和对流层内宇宙射线的变化,改变云量及其反射太阳辐射的多少,从而引起气候变化(Courtillot et al.,2007; Le Mouel et al.,

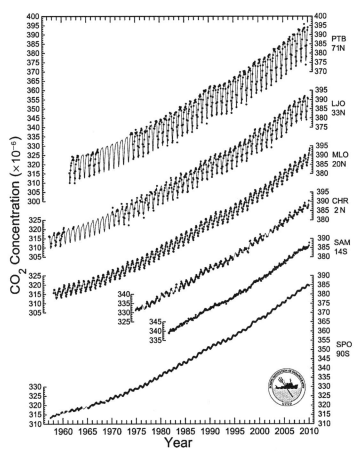

图 1‐1　全球不同观测站位大气二氧化碳浓度实测数据 PTB＝Point Barrow 站
位, LJO＝La Jolla 站位, MLO＝Mauna Loa 站位, CHR＝ChristmasIsland
站位, SAM＝Samoa 站位, SPO＝South Pole 站位。数据由美国 Scripps
海洋研究所 CO_2 计划提供。图中最近数据更新至 2010 年 5 月

2008；Lockwood，2008；Lockwood and Fröhlich，2007，2008）。就在
2009 年 12 月哥本哈根气候大会开幕前夕,英国东英吉利大学气候研究
中心(University of East Anglia's Climatic Research Unit)数千封电子
邮件失窃引发的"气候门"事件更是将对人类活动造成全球变暖的质疑
推向高峰(Hasselmann，2010；Krauss，2010)。归根结底,这一争论反
映了整个社会对气候变化的关注,同时也反映了气候变化研究中,尚有

很多基础科学问题没有回答。只有气候变化尤其是碳循环研究不断深入，人类才有可能准确预测未来气候变化。

在气候研究方法论中，观测数据、气候理论和数值模拟是三大支柱[①]。气候学家通过已有观测数据提出气候变化理论，然后根据这些理论知识建立起数值模型。模拟结果与观测数据对比，可以验证理论的正确性并对理论进行修正，使理论能够解释更多观测现象并可预测将来气候变化。观测数据在时间和空间内均匀分布是我们认识气候变化规律的重要保证。因此，气候变化研究不仅要了解现代过程，也要了解地质历史时期内的古气候变化，目的是为了"穿越时间尺度、打通古今界限，穿凿地球系统时间隧道（汪品先，2009）"，探索气候变化的自然规律。

1.2 碳循环与热带驱动

20世纪古海洋学的巨大发展得益于Milankovitch(1941)理论在深海沉积物记录中得到证实(Hays et al.，1976)。深海有孔虫氧同位素($\delta^{18}O$)记录(Imbrie et al.，1989；McIntyre et al.，1989；Lisiecki and Raymo，2005)显示更新世以来地球经历了多次冰期—间冰期旋回，全球海平面升降幅度约120 m(Waelbroeck et al.，2002；Siddall et al.，2003)，而南极冰盖变化对海平面的贡献相对较小（Pollard and DeConto，2009)，因此$\delta^{18}O$被认为主要反映了北半球冰盖的演变历史。Milankovitch理论认为受地球轨道参数调控的65°N夏季太阳辐射量控制了北半球冰盖扩张和退缩。当夏季辐射量减弱到夏季冰盖融化不能抵消冬季的增长时，冰盖就会扩张，反之冰盖则会退缩(Berger，1988)。

[①] http：//www.theresilientearth.com/? q＝content/crumbling-pillars-climate-change

冰盖变化信息可以通过北大西洋深层水（NADW）和大洋传送带（Broecker，1991）传遍世界大洋。这种 65°N 夏季太阳辐射量＋NADW 的模式被认为是气候变化的高纬驱动，其他地区则被动的响应着高纬变化。例如，晚上新世 3.0—2.7 百万年（Ma）北半球冰盖扩张时期（NHG），赤道东太平洋（EEP）表层海水温度（SST）也随之降低，东西太平洋不对称性开始出现（Wara et al.，2005；Lawrence et al.，2006）。EEP 海区内 SST 的 4 万年周期也随 NHG 加强，并且 4 万年周期的相位与高纬年平均太阳辐射量一致而与低纬年平均太阳辐射量相位相反（Ma et al.，2010），反映了热带海区对高纬过程的响应。

　　高纬驱动的观点虽然体现了轨道参数和太阳辐射量变化对地球气候系统的驱动作用，但仍有许多热带过程无法用高纬驱动来解释（汪品先，2006）。80 万年来冰芯气泡的甲烷（CH_4）记录（Loulergue et al.，2008）除了具有 10 万年周期的冰期—间冰期旋回外，还具有很强的岁差周期。大气中的 CH_4 被认为主要来源于热带湿地中有机质的分解而非高纬地区（Raynaud et al.，1988；Brook et al.，1996），因此 CH_4 的岁差周期说明低纬地区变化并非完全受控于高纬冰盖变化。近年来低纬地区季风研究发现，季风降水的变化直接受控于当地夏季太阳辐射量。南北半球的季风变化都具有强烈的岁差、半岁差周期（Wang et al.，2001；Wang et al.，2008；Verschuren et al.，2009），并且在岁差周期上南北半球具有反相位关系（Griffiths et al.，2009）。冰芯气泡中氧气的氧同位素（$\delta^{18}O_{atm}$）与深海氧同位素相比，岁差周期更明显，指示了季风降水的岁差周期对陆地植被的影响（Bender et al.，1994；Shackleton，2000）。可以看出，地球高、低纬度都同时受太阳辐射量变化的影响，但各自对轨道驱动的气候响应却有不同的特点。高纬信号可以传送到低纬地区，低纬信号也能在高纬被记录。

冰盖变化与全球碳循环也是密切联系的。80 万年的 CO_2 记录 (Petit et al.，1999；Siegenthaler et al.，2005；Lüthi et al.，2008) 显示，在 $\delta^{18}O$ 变化幅度大的冰消期时，CO_2 变化都领先 $\delta^{18}O$，而当 CO_2 落后 $\delta^{18}O$ 时，冰消期的幅度则很小 (Lisiecki，2010a)。因此有可能是 CO_2 控制着高纬冰盖的变化，而非被冰盖变化所控制。数值模拟结果也表明，只有当 CO_2 浓度降低到一定水平后，北半球冰盖才能在晚上新世气候转型期内大规模扩张 (Lunt et al.，2008)。深海碳同位素 ($\delta^{13}C$) 是另一种可以反映碳储库变化的替代性指标。$\delta^{13}C$ 的一些重值事件也恰好与冰盖变化相对应。例如大洋钻探 (ODP) 1143 站位的 $\delta^{13}C$ 记录在 1 Ma 时出现重值，与中更新世气候转型期 (MPT) 冰盖变化周期由 4 万年向 10 万年转变的开始时间对应 (图 1 - 2)。0.5 Ma 时 $\delta^{13}C$ 再次出现重值，与 MPT 结束时间对应，随后即发生了"中布容"碳酸盐溶解事件

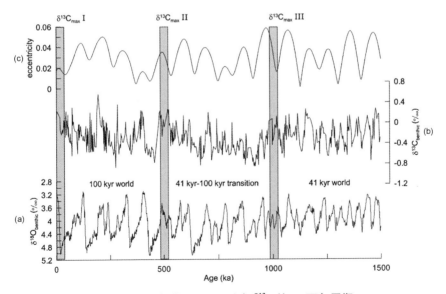

图 1 - 2　更新世 1.5 Ma 以来 $\delta^{13}C$ 的 50 万年周期

(a) LR04 合成氧同位素数据 (Lisiecki and Raymo，2005)；(b) ODP 1143 站位底栖有孔虫碳同位素 (Wang et al.，2004)；(c) 地球轨道偏心率 (Laskar et al.，2004)。灰色阴影对应碳同位素重值期 ($\delta^{13}C_{max}$)

(MBE)和深海氧同位素12期(MIS 12)的冰盖大规模扩张(汪品先等，2003；Wang et al.，2003，2004)。当现代$\delta^{13}C$又一次达到重值期时，是否预示着下一次大冰期即将来临我们还不得而知，但冰盖变化与碳循环的关系却值得深入研究(汪品先，2003)。1.6 Ma以来$\delta^{13}C$的变化的长周期表现为50万年。与之不同的是，1.6 Ma之前大洋的$\delta^{13}C$记录具有明显的40万年周期，并且$\delta^{13}C$最大值与偏心率长周期的最小值对应(Wang et al.，2010)。这种对应关系在冰盖体积较小的渐新世(图1-3)(Wade and Pälike，2004；Pälike et al.，2006)和中中新世(图1-4)(Holbourn et al.，2005；Holbourn et al.，2007)也曾出现，且$\delta^{13}C$与$\delta^{18}O$同步变化：$\delta^{13}C$的最大(小)值与$\delta^{18}O$的最大(小)值相对应。$\delta^{13}C$的40万年周期在1.6 Ma之前的广泛存在可能是反映了季风风化的热带过程(Wang，2009)。如前所述，热带季风降水主要受岁差调控的当地夏季太阳辐射量控制(Wang et al.，2001；Wang et al.，2008；Niedermeyer et al.，2010)，而气候岁差又受到地球公转轨道偏心率的调控(Berger，1978)。当偏心率位于高值(低值)期时，夏季太阳辐射量的变化幅度大(小)，季风风化变化幅度也应相应变大(小)。数值模拟结果也显示在季节性太阳辐射量的直接驱动下，赤道地区温度具有最丰富的周期成分，其中40万年周期只在赤道地区最为明显而其他纬度则并不明显(Short et al.，1991)。从地球冰盖的演变历史来看，南北两极都有大冰盖只是近3 Ma以来的历史，而新生代(65 Ma)以来的地质历史主要是无冰盖或者仅存在南极冰盖(Zachos et al.，2001a)。当冰盖体积较小时，$\delta^{13}C$保持了40万年周期，并且$\delta^{13}C$重值与偏心率长周期的低值对应，而1.6 Ma以来$\delta^{13}C$的周期拉长到50万年，$\delta^{13}C$重值不再与偏心率低值对应。$\delta^{13}C$的这一变化正好反映了高纬和低纬过程的相互作用，为研究冰盖变化与碳循环关系及气候变化的热带驱动提供了绝佳的素材。

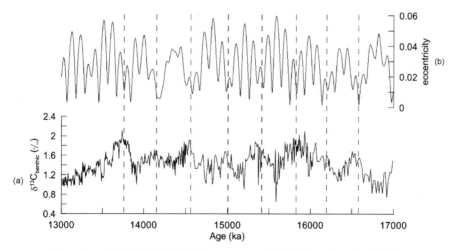

图1-3 中新世气候最适宜期(17—14 Ma)碳同位素与偏心率对应关系

(a) ODP 1237 站位底栖有孔虫碳同位素(Holbourn et al. ，2007)；(b) 地球轨道偏心率(Laskar et al.，2004)。虚线表示偏心率40万年周期最小值

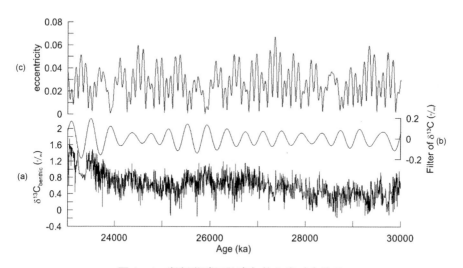

图1-4 渐新世碳同位素与偏心率对应关系

(a) ODP 1218 站位底栖有孔虫碳同位素(Pälike et al.，2006)；(b) ODP 1218 站位底栖有孔虫碳同位素400-kyr滤波，中心频率0.002 51/kyr,频带宽度0.002—0.003；(c) 地球轨道偏心率(Laskar et al.，2004)

1.3 碳循环与碳储库

碳循环是跨越不同圈层的物理、化学和生物过程。大气圈、生物圈、水圈、岩石圈都参与其中。每个圈层都可看做一个独立的碳储库。各个碳储库之间的物质流动使碳循环得以实现。由于每个储库的碳含量不一致,碳循环的时间尺度也存在很大差异(图1-5)。大气圈碳含量最少,循环的时间尺度也最短,10～100年。岩石圈是最大的碳储库,循环的时间尺度也最长,可达到千万年以上。大洋碳储库的循环周期在万年至百万年,与轨道驱动的时间尺度相近,暗示着地球轨道变化可能通过大洋碳储库驱动地球气候系统。大洋碳储库变化也将是本论文后续章节讨论的重点。

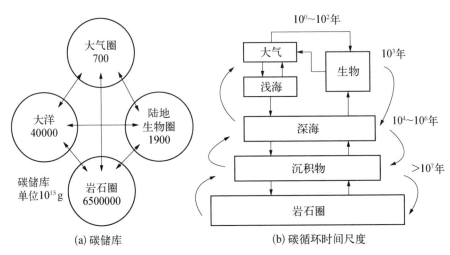

(a) 碳储库   (b) 碳循环时间尺度

图1-5 地球表层系统的碳储库与碳循环(本图源自汪品先(2002))

地质历史上(不包括人类因素影响)的碳循环过程可简化为如图1-6所示。火山作用和沉积物中有机质降解向大气释放CO_2。一部分大气CO_2被陆地植物光合作用所利用,另一部分CO_2通过海—气交换作用进入

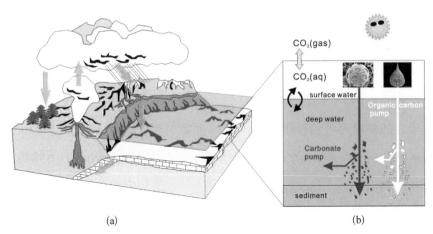

图 1-6 地质历史碳循环模式图

(a) 全球碳循环示意图,箭头表示碳的流动方向;(b) 大洋碳循环。橙色箭头表示海洋与大气二氧化碳交换,黑色箭头表示大洋水体交换,绿色和白色箭头分别表示无机碳、有机碳埋藏与溶解。其中图(a)据 http://www.vtaide.com/png/carbonCycle.htm 改绘

海水,还有一部分大气 CO_2 与降水混合形成酸性雨水促进了硅酸盐和碳酸盐的风化。岩石风化产物形成大量的溶解无机碳(DIC)和碱度(ALK)通过河流输运到海洋后被具有钙质壳体的浮游植物(如颗石藻)利用形成颗粒无机碳(PIC)。同时浮游植物(如颗石藻、硅藻)还会利用海水中的 CO_2 进行光合作用形成颗粒有机碳(POC)。这些 PIC 和 POC 从表层透光带输出后会有大部分溶解在深层海水中,而只有少部分 PIC 和 POC 被埋藏保存在深海沉积物中。这一过程被称为生物作用的碳酸盐泵和有机碳泵。被沉积埋藏的碳酸盐和有机碳会随着板块运动俯冲至深部岩石圈后,通过火山作用重新进入大气圈,构成了一个完整的碳循环回路。本论文的后续章节中将详细介绍这些过程的数学表达以实现碳循环的数值模拟。

1.4 研究内容

本论文旨在探讨代表低纬热带过程的季风风化作用对轨道驱动的

响应及其在碳循环中的作用。应用箱式模型,分别模拟了无冰盖和有冰盖两种条件下大洋碳储库对风化输入的响应特点。试图证明 $\delta^{13}C$ 的 40 万年周期属于大洋碳储库对热带驱动的响应,而 1.6 Ma 以来 $\delta^{13}C$ 的周期拉长至 50 万年是冰盖扩张、洋流改组的结果。本书第 2 章将详细介绍现有的碳循环数值模拟方法。第 3 章以中新世暖期(17—14 Ma) $\delta^{13}C$ 记录中广泛发育的 40 万年周期为素材,应用箱式模型探讨了季风风化和有机碳埋藏在大洋碳循环中的作用。第 4 章利用箱式模型讨论 1 Ma 以来有冰盖条件下,大洋碳储库对低纬、高纬过程双重驱动的响应。第 5 章分析了晚上新世气候转型期(2.7 Ma)以来冰盖扩张与热带 SST 的关系以及碳循环在冰盖扩张中的作用。

第2章

气候与碳循环数值模式

　　早先气候被简单地认为只是多年天气的平均状态。随着科学研究的发展才逐渐认识到气候系统是大气圈、水圈、生物圈、冰冻圈和岩石圈的总和及其相互作用(McGuffie and Henderson-Sellers，2001)。气候模式作为一种计算工具，可以帮助人类加深对气候系统的认识，预测未来气候或反推古气候变化。各圈层间的相互作用也给模拟工作带来了巨大挑战，要准确模拟气候的冷、热、干、湿变化必须考虑整个系统的耦合关系，由此也产生了巨大的计算量。现今最复杂的气候模型是以CCSM3 (Collins et al.，2006)和HadCM3(Pope et al.，2000)为代表的三维耦合环流模式(Coupled General Circulation Model，CGCM)。这类模型一般包括了大气、海洋、陆地、海冰和植被等子系统及各子系统间的相互作用。受计算机运算能力的限制，目前 GCM 还只能应用于短时间尺度(如年际为一千年)的气候模拟。更长时间尺度(如轨道尺度)的气候模拟还需借助复杂程度较低的中等复杂程度模式(EMIC)或者箱式模型。

2.1 GCM 模式发展历史

GCM 的目的是为了计算海洋或大气的三维特征。模式通过求解① 能量守恒,② 动量守恒,③ 质量守恒,④ 理想气体状态方程得到三维网格点上的物质运动(如风场,洋流)热通量、水汽通量、盐度等多种变量(McGuffie and Henderson-Sellers,2005)。最早的 GCM 是在 20 世纪 60 年代由短期天气预报模式发展而来。当时计算机性能的提高使计算的空间范围可以扩展到整个半球,积分时间也增加到可以研究气候变化的长度。但当时的模型还只限于大气环流模式(AGCM)(Smagorinsky,1963;Smagorinsky et al.,1965)。模式中表层海水温度被设为固定值,海洋只被当作向大气输送水汽的源。这种简化忽略了占地球表面积71%的海洋对能量分配的作用,所产生的误差也会是巨大的。Smagorinsky 领导的地球物理流体动力学实验室(GFDL)很早就认识到开发海洋—大气耦合模式的必要性。1961 年,他邀请 Kirk Bryan 加入 GFDL 开发海洋环流模式(OGCM)。Bryan(1969)发展的海洋模式已成为现今大多数 OGCM 的基础(McGuffie and Henderson-Sellers,2005)。在此基础上,最早的海—气耦合模式(AOGCM)也在当年开发出来(Manabe and Bryan,1969)。随着 20 世纪 90 年代后期以来计算机技术的飞速发展,大气、海洋、陆地、海冰、陆地植被和海洋生态模型都可以整合到一个完整的气候系统模式中(Collins et al.,2006;Moore et al.,2002;Doney et al.,2001),使 GCM 能够包括水循环和碳循环这两大气候演变的"主角"。

古气候模式对比计划(PMIP)是利用 GCM 研究古气候变化的重要课题。该计划关注的是末次盛冰期(Last Glacial Maximum,LGM)

21 ka和中全新世 6 ka 时的模拟工作。计划第一阶段(PMIP1)使用的模式还主要是 AGCMs。虽然 AGCMs 能够模拟出 LGM 时期全球变冷和中全新世时季风加强的特征,但多数模式结果显示 LGM 时期热带的降温幅度偏小,中全新世非洲季风强度偏弱。计划第二阶段(PMIP2)大量使用了 OAGCMs 和海—气—植被耦合模式(OAVGCMs),模拟结果与 PMIP1 相比,LGM 时期热带降温幅度更大,中全新世非洲季风更强,说明耦合模式能更准确地反映气候系统的内在联系(Braconnot et al., 2007)。当 GCM 向更复杂、更高时空分辨率方向发展时,其巨大的计算量也是不容忽视的现实。Liu et al.(2009)利用 CCSM3 模拟 LGM (21 ka)至 Bølling-Allerød 暖期(14 ka)快速气候变化时,短短 7 000 年的瞬变积分在美国橡树岭国家实验室超级计算机上运算了一年半时间 (Timmermann and Menviel,2009)。可见 GCM 目前还不适合轨道尺度的气候模拟,为了模拟 $\delta^{13}C$ 的 40 万年周期,本论文选取了复杂程度低但计算效率高的箱式模型。

2.2　箱式模型简介

2.2.1　箱式模型原理

箱式模型(Box model)是将复杂的地球系统简化为几个箱体。每个箱体都代表一个储库,而各箱体间的物质通量代表了储库间的相互作用。在模型中,每个储库具有均质的物理、化学变量,但这些变量却又是可以随时间变化的。各变量的变化速率受碳储库之间的物质通量来控制。当每个储库的性质都不随时间变化时说明各储库间的物质交换达到了平衡,系统处于稳定状态。箱式模型中这种简单物质交换关系可以很容易地用微分方程表达。例如,图 1 - 6 所描述的碳循环概念模型可以用箱式模型表达为如图 2-1 所示。将大气—海洋系统划分成 3 个箱体,分别代表大气(Catm)、表层海水(Csur)和深层海水(Cdeep)中总碳含量($\sum CO_2$)。箭头表示了各储库间 $\sum CO_2$ 的通量。三大碳储库的变化可以用微分方程简单表示为

$$\frac{dC_{atm}}{dt} = g_{vol+kero} + gsa - gas - g_{veg} - g_{wea} \qquad (2-1)$$

$$\frac{dC_{sur}}{dt} = gas - gsa + fds - fsd + I_{riv} - P_{inorg} - P_{org} \qquad (2-2)$$

$$\frac{dC_{deep}}{dt} = fsd - fds + P_{inorg} + P_{org} - S_{inorg} - S_{org} \qquad (2-3)$$

式中,$g_{vol+kero}$ 表示火山作用和沉积物中有机质降解向大气释放 CO_2 的通量;gsa 和 gas 分别表示海洋向大气和大气向海洋的 CO_2 通量;g_{veg} 为陆地植被吸收 CO_2 的通量;g_{wea} 表示硅酸盐和碳酸盐风化消耗 CO_2 的通

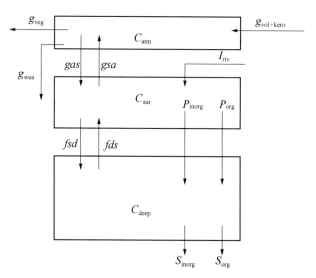

图 2-1　碳循环模式(图 1-6)的箱式模型表达

量；fds 和 fsd 分别表示深层水向浅层水和浅层水向深层水的 $\sum CO_2$ 通量；I_{riv} 表示河流的 $\sum CO_2$ 通量；P_{inorg} 和 P_{org} 分别表示浮游植物产生 PIC 和 POC 时的 $\sum CO_2$ 通量；S_{inorg} 和 S_{org} 分别表示 PIC 和 POC 沉积作用产生的 $\sum CO_2$ 通量。方程(2-1)—方程(2-3)只描述了碳储库中 $\sum CO_2$ 的变化规律，各种通量代表着具体的物理、生物地球化学过程和气候反馈机制。除此之外，各箱体还可以具有其他的物理化学性质如温度、碱度、碳同位素等。这些性质也可用其他的微分方程所描述。论文后续章节中还将针对具体问题继续讨论不同物理化学变量和过程的数学表达。

2.2.2　微分方程的数值解法

方程 2-1—方程 2-3 只是描述了各箱体 $\sum CO_2$ 的变化速率，要得到每个箱体中 $\sum CO_2$ 随时间变化的具体数值，即 Catm(t)，Csur(t)，Cdeep(t)，还需要对这些微分方程进行求解。目前常用的求解方法主要有欧拉（Euler）法，四阶龙格-库塔（Rounge-Kutta）法和反向欧拉（reverse Euler）法。这里将方程(2-1)—方程(2-3)简单地表示为

$$\frac{dy(t)}{dt} = p(t, y)$$

的一类方程，式中，$y(t)$ 为要求解的变量，$p(t, y)$ 为 $y(t)$ 的一阶导数，t 为时间变量。三种方法的数值解形式如下：

欧拉法：　$y(t+\Delta t) = y(t) + \Delta t \cdot p(t, y(t))$

四阶龙格-库塔法：$y(t+\Delta t) = y(t) + \frac{1}{6}\Delta t \cdot (k_1 + 2k_2 + 2k_3 + k_4)$

式中，$k_1 = p(t, y(t))$；

$$k_2 = p\left(t + \frac{1}{2}\Delta t, \ y(t) + \frac{1}{2}\Delta t \cdot k_1\right);$$

$$k_3 = p\left(t + \frac{1}{2}\Delta t, \ y(t) + \frac{1}{2}\Delta t \cdot k_2\right);$$

$$k_4 = p(t + \Delta t, \ y(t) + \Delta t \cdot k_3)。$$

反向欧拉法：$y(t + \Delta t) = y(t) + \Delta t \cdot p(t + \Delta t, y(t + \Delta t))$。反向欧拉法还需已知 $p(t, y)$ 的显式关系。例如，如果 $p(t + \Delta t, y(t + \Delta t)) = ay(t + \Delta t)$，则 $y(t + \Delta t) = y(t)/(1 - a \cdot \Delta t)$。

三种解法中欧拉法是最简单、最易实现的方法，但缺点是当时间步长 Δt 较大时可能不能得到稳定解。四阶龙格-库塔法和反向欧拉法是较为稳定的解法，当时间步长 Δt 较大时也可以得到稳定解，但实现过程比欧拉法要复杂许多。本论文模拟工作不仅需要求解模型平衡时的稳定解，还要分析瞬变积分的时间序列。采用的时间步长 Δt 已经足够小，所以使用了较为简单的欧拉解法。方程(2-1)—方程(2-3)的欧拉解形式为

$$C_{atm}(t + \Delta t) = C_{atm}(t) + (g_{vol+kero} + gsa - gas - g_{veg} - g_{wea})\Delta t \tag{2-4}$$

$$C_{sur}(t + \Delta t) = C_{sur}(t) + (gas - gsa + fds - fsd + I_{riv} - P_{inorg} - P_{org})\Delta t \tag{2-5}$$

$$C_{deep}(t + \Delta t) = C_{deep}(t) + (fsd - fds + P_{inorg} + P_{org} - S_{inorg} - S_{org})\Delta t \tag{2-6}$$

如果外部条件不发生变化，模型稳定状态下的解析解可以通过求解方程组得到：

$$\frac{dC_{atm}}{dt} = g_{vol+kero} + gsa - gas - g_{veg} - g_{wea} = 0$$

$$\frac{dC_{\text{sur}}}{dt} = gas - gsa + fds - fsd + I_{\text{riv}} - P_{\text{inorg}} - P_{\text{org}} = 0$$

$$\frac{dC_{\text{deep}}}{dt} = fsd - fds + P_{\text{inorg}} + P_{\text{org}} - S_{\text{inorg}} - S_{\text{org}} = 0$$

目前，已有一些箱式模型的商用模拟软件，如 Simulistics Ltd 的 Simile 和 isee systems，inc 的 STELLA®，而本论文模拟工作是采用自编的 Fortran 程序来实现。

2.3　箱式模型研究进展

根据以上对箱式模型的介绍，可以看出这种简单模型便于讨论如图 2-1 中某一箭头所代表的特定过程在气候变化中的作用。箱式模型在探讨冰期—间冰期气候变化、快速气候变化和碳循环偏心率长周期的机制研究中有着广泛应用。下面将简要介绍箱式模型在古气候研究领域的应用成果，以此说明本论文采用箱式模型研究冰盖与碳储库变化轨道周期具有可行性。

2.3.1　冰期—间冰期旋回研究

Broecker(1982)认为，冰期—间冰期 $p\text{CO}_2$($80 \times 10^{-6} \sim 100 \times 10^{-6}$)的变化主要是由海洋中的变化引起的。较早的箱式模型结果认为高纬海区生产力变化可以解释 $p\text{CO}_2$ 的这一变化(Sarmiento and Toggweiler，1984；Siegenthaler and Wenk，1984)。冰期时高纬海区生产力升高能有效降低 $p\text{CO}_2$，而间冰期时生产力降低会使 $p\text{CO}_2$ 升高。模型虽然可以通过改变生产力得到合理的 $p\text{CO}_2$ 结果，但如果同时考虑 $\delta^{13}\text{C}$ 结果则会产生矛盾。冰期时,地质记录中大气和表层水的 $\delta^{13}C$ 都发生降低,但模拟结果中大气和表层水的 $\delta^{13}C$ 却是升高的(Toggweiler,1999)。Broecker and Peng (1987)提出了碳酸盐补偿机制作为生产力引起 pCO_2 变化观点的补充。他们的箱式模型 PANDORA 结果认为应有一半的 pCO_2 变化可以用底层水碳酸根浓度($[CO_3^=]$)变化和碳酸盐补偿来解释。冰消期时底层水 $[CO_3^=]$ 升高使碳酸盐沉积增加,pCO_2 升高。但这一解释同样也受到质疑,地质记录表明全球大洋的 $[CO_3^=]$ 并非同时变化,冰期—间冰期旋回内全球大洋碳酸盐沉积总量可能不存在明显变化(Rickaby et al.,2010)。南大洋硅泄漏假说是另一种利用生物泵变化解释冰期—间冰期 pCO_2 变化的观点(Matsumoto et al.,2002;Matsumoto and Sarmiento,2008)。箱式模型结果显示南大洋硅酸盐利用效率提高可以使剩余硅酸盐通过洋流输送到低纬热带海区并促进低纬的硅藻勃发。硅藻的竞争优势压制颗石藻生长,从而降低 pCO_2(Matsumoto et al.,2002;Matsumoto and Sarmiento,2008)。Toggweiler (1999)的箱式模型结果认为冰期—间冰期旋回中 pCO_2 的变化可能是由南大洋底层水通风性变化所主导,而 $[CO_3^=]$ 和碳酸盐沉积 50 000 年一次的变化可能对南大洋通风性的物理变化起放大作用(Toggweiler,2008)。Gildor and Tziperman (2001)的箱式模型结果还显示海冰可能是导致冰盖变化 10 万年周期的另一种机制。海冰与冰盖的相互作用可以形成一个自我维持的气候系统,地球轨道变化只是控制了冰期—间冰期旋回的相位(Gildor and Tziperman,2000),而 pCO_2 则主要受南大洋海水垂直混合和海冰面积控制(Gildor et al.,2002)。Köhler(2010)利用箱式模型 BICYCLE 对冰期—间冰期旋回内 pCO_2、大气二氧化碳碳同位素($\delta^{13}CO_2$)和海水碳同位素($\delta^{13}C_{DIC}$)的主控因素进行了详细分析。模拟结果显示 $\delta^{13}C_{DIC}$ 主要受陆地生物圈变化控制,而 pCO_2 和 $\delta^{13}CO_2$ 的变化则反映了陆地生物圈引起的缓慢变化背景下,各种海洋因素(如温度、

NADW、南大洋通风性等)的贡献。

2.3.2　快速气候变化研究

　　虽然快速气候变化的时间尺度已经适用 GCM 模拟(e.g. Liu et al.，2009)，箱式模型在这一领域却仍有一些应用。Jackson et al. (2010)利用格陵兰冰芯记录估计的淡水通量来驱动箱式模型，模拟结果显示，D/O(Dansgarrd-Oeschger)旋回内温度和海平面变化与地质记录一致。模型结果支持了淡水输入改变经向反转环流(MOC)从而引起快速气候变化的假说。Köhler et al. (2010)的箱式模型结果还显示陆地碳储库的快速变化控制了冰芯 $\delta^{13}CO_2$ 的千年尺度波动。

2.3.3　碳同位素长周期研究

　　Pälike et al. (2006)利用箱式模型对 ODP 1218 站位渐新世 $\delta^{13}C$ 记录中发现的 40 万年周期进行了模拟。在轨道参数(或太阳辐射量)对温度和初级生产力的驱动下，模拟出了 $\delta^{13}C$ 和溶跃面深度的 40 万年周期变化。Hoogakker et al. (2006)将箱式模型结果与 $\delta^{13}C$、pCO_2、碳酸盐等地质记录对比后认为 1.2 Ma 以来 $\delta^{13}C$ 的长周期波动是由无机碳和有机碳埋藏通量按 1∶1 比例变化引起的。Russon et al. (2010)也利用箱式模型对 1.4 Ma 以来 $\delta^{13}C$ 的 40 万年～50 万年长周期进行了模拟。通过对比 $\delta^{13}C$ 与 pCO_2 的振幅变化($\delta^{13}C/pCO_2$)以及 $\delta^{13}C$,pCO_2,碳酸盐溶解事件等三者的相位关系，认为 $\delta^{13}C$ 的 40 万年～50 万年长周期是初级生产力、无机碳和有机碳产生比例(rain ratio)变化共同作用的结果。

　　综上所述，箱式模型在研究碳循环机制中发挥着重要作用，能够简单有效地验证特定生物地球化学过程对碳储库变化的贡献量。本书从下一章开始将利用箱式模型讨论季风风化、冰盖变化及其相互作用对大洋碳循环的影响。

第 *3* 章

中新世暖期大洋碳储库的 40 万年周期模拟

3.1 概　述

底栖和浮游有孔虫 $\delta^{13}C$ 记录中的 Milankovitch 周期在全球大洋中被广泛发现(e. g. Shackleton et al. ，1995；Tian et al. ，2008)。这些周期反映了地球气候系统对轨道驱动的响应,其中 40 万年周期可能与地球轨道偏心率长周期有关。$\delta^{13}C$ 的 40 万年周期不仅在上新世存在(Wang et al. ，2010,及其参考文献),而且在渐新世(Pälike et al. ，2006；Wade and Pälike，2004)和中新世(Woodruff and Savin，1991；Holbourn et al. ，2005；2007)也有发现。这一周期表现为有孔虫 $\delta^{13}C$ 记录每隔 40 万年出现一次重值事件并且这些重值事件能与新生代以来的一些气候变冷事件对应。40 万年周期也因此被当作地球气候系统"心跳"的节拍之一(Pälike et al. ，2006)。

$\delta^{13}C$ 40 万年周期的成因现有多种解释,例如,风化物质输入引起的硅藻勃发假说(Wang et al. ，2004)和颗石藻勃发假说(Rickaby et al. ，2007)。还有其他研究者根据更新世记录所做的数值模拟结果提出了无机碳、有机碳埋藏比例假说(Hoogakker et al.,2006)和初级生产力及无机碳、有机碳生产比例共同作用假说(Russon et al.,2010)。

与"暖室期"或冰盖体积较小时期地质记录中保存完好的 40 万年周期(Cramer et al.,2003; Pälike et al.,2006)不同,更新世 1.6 Ma 以来全球大洋 δ^{13}C 的长周期被拉长到 50 万年,只有地中海记录中还保留着 40 万年周期(Wang et al.,2010)。这一周期的转变可能反映了 1.6 Ma 以来冰盖扩张对大洋碳储库的影响。δ^{13}C 的 40 万年周期也可能是代表着碳循环的热带过程信息。

为了模拟不受冰盖影响的 40 万年周期,本章选取中新世气候适宜期(Miocene Climate Optimum,MCO,17—14 Ma)作为时间背景。MCO 时期只存在东南极冰盖且体积较小,全球平均温度估计比现今高 6℃(Flower and Kennett,1994)。δ^{13}C 记录在长期趋势上表现为明显的正向偏移,被解释为是由于环太平洋大陆边缘盆地内有机碳大量埋藏("蒙特利"假说)(Vincent and Berger,1985),风化营养物质输入导致的有机碳大量埋藏(风化假说)(Raymo,1994)或者陆地生物圈有机碳大量埋藏(Diester-Haass et al.,2009)所致。δ^{13}C 记录还显示有多个碳同位素重值(CM)事件叠加在长期趋势之上,并且这些 CM 事件能与偏心率长周期的最小值对应(Woodruff and Savin,1991; Holbourn et al.,2007)。

本章将利用箱式模型模拟轨道参数驱动下 δ^{13}C 的 40 万年周期,讨论了有机碳和无机碳埋藏对大洋碳储库的影响。模拟结果说明风化和营养盐输入在全球碳循环系统中起到重要作用。

3.2 模 型 介 绍

本书第 2 章已经说明箱式模型是进行长时间尺度模拟的最佳选择。

为了模拟 MCO 时期无冰盖条件下的 $\delta^{13}C$,本章采用的箱式模型将海洋划分为 6 个箱体,大气作为一个单独的箱体(图 3 - 1)。箱体划分是根据 Lane et al. (2006)的方案,可以利用最少的箱体描述主要的大洋环流特点。图 3 - 1 中,Q1 和 Q2 ＋Q3 分别代表与现代北大西洋深层水(NADW)类似的北半球高纬下沉的深层环流(Northern Component Water,NCW)和与现代南极底层水(AABW)类似的南半球高纬下沉的深层环流(Southern Component Water,SCW)。f_{ij} 表示箱体间海水混合作用。各箱体的几何形状和流量大小在表 3 - 1 中列出。g_{ij} 表示三个海洋表层箱体("S","E","N")与大气("A")的 CO_2 交换。表层浮游植物光合作用

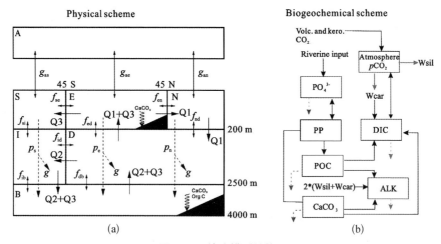

图 3 - 1 箱式模型结构图

(a) 物理过程。表层海水以 45°S/N 分界被划分为南部("S"),低纬赤道("E")和北部("N")3 个箱体,深度都为 200 m。中层水被划分为南部中层(I)和北部深层(D)箱体,深度为 2 500 m。所有底层水被当作一个箱体(B),深度为 4 000 m。洋流 Q1 和 Q2＋Q3 分别代表北半球高纬下沉的深层环流(Northern Component Water,NCW)和南半球高纬下沉的深层环流(Southern Component Water,SCW)。双向箭头表示水体混合作用(如 f_{se} 等)或者海气交换(如 g_{as} 等)。虚线箭头(如 P_s 等)表示从表层水输出的颗粒有机碳(POC)或者颗粒无机碳(PIC)。部分颗粒物质在沉降过程中会矿化或溶解(箭头 g)。黑色三角形表示热带浅水碳酸盐沉积、深海碳酸盐与有机碳的沉积;(b) 生物地球化学过程。每个箱体含有磷酸盐(PO_4^{3-}),溶解无机碳(DIC),碱度(ALK)和碳同位素($\delta^{13}C$)等变量。火山作用和沉积物中有机质降解向大气输入 CO_2。Wsil 和 Wcar 分别代表硅酸盐岩和碳酸盐的风化。河流输入的 DIC 和 ALK 的比例为 Wcar：2×(Wsil＋Wcar)。PO_4^{3-} 作为限制性营养盐控制初级生产力(PP)

合成的颗粒有机碳(POC)沉降到深层水中大部分会在"I""D"和"B"箱体中降解，只有很小一部分能保存到沉积物中。碳酸盐沉积分为浅水碳酸盐和深水碳酸盐分别沉积在"E"和"B"两个箱体中。每个箱体包括了磷酸盐(PO_4^{3-})、溶解无机碳(DIC)、碱度(ALK)和碳同位素($\delta^{13}C$)等四个待求解变量。模型的生物地球化学过程主要是在 Toggweiler (2008)的基础上做了少量修改。大气箱体接收来自火山和沉积物氧化释放的CO_2。碳酸盐和硅酸盐的风化产物通过河流向低纬赤道箱体"E"输入 DIC 和 ALK。Wsil 和 Wcar 分别代表硅酸盐和碳酸盐的风化。初级生产力(PP)受表层箱体中磷酸盐(PO_4^{3-})浓度控制。碳酸盐和有机碳埋藏将碳从大洋中的移除而碳酸盐的溶解又能使碳重新进入大洋。模型中各参数的取值见表3-2。下面将根据不同的化学属性详细介绍箱式模型的数学表达。

表3-1 箱式模型几何参数和流量

符号	描 述	流量/Sv	符号	描 述	数 值
$Q1$	箱体"N""D"和"E"中的环流	5	Vol_S	箱体"S"体积	7.5×10^6 km³
$Q2$	箱体"E""I"和"B"中的环流	10	Vol_E	箱体"E"体积	5.4×10^7 km³
$Q3$	箱体"S""I""B""D"和"E"中的环流	8	Vol_N	箱体"N"体积	7.5×10^6 km³
f_{si}	箱体"S"与"I"的水体交换	80	Vol_I	箱体"I"体积	8.6×10^7 km³
f_{ib}	箱体"I"与"B"的水体交换	60	Vol_D	箱体"D"体积	7×10^8 km³
f_{ed}	箱体"E"与"D"的水体交换	12.5	Vol_B	箱体"B"体积	4.5×10^8 km³
f_{db}	箱体"D"与"B"的水体交换	10	$Area_S$	箱体"S"表面积	3.7×10^6 km²
f_{nd}	箱体"N"与"D"的水体交换	22	$Area_E$	箱体"E"表面积	2.7×10^8 km²
f_{se}	箱体"S"与"E"的水体交换	20	$Area_N$	箱体"N"表面积	3.7×10^6 km²
f_{en}	箱体"E"与"N"的水体交换	20			
f_{id}	箱体"I"与"D"的水体交换	6.7			

表 3 - 2　模型参数取值

参数	描　述	数　值	来　源
rcp_{org}	有机质吸收 C,P 的比例	106	Ridgwell，2001
$r_{C:P}$	生物吸收总 C, P 的比例（POC＋PIC）	$r_{Corg:p}/(1\text{-rain ratio})$	Ridgwell，2001
rnp_{org}	有机质吸收 N,P 的比例	16	Ridgwell，2001
$r_{ALK:P}$	ALK 与 P 的比例	$2\times\text{rain ratio}\times r_{Corg:p}-0.7\times r_{N:P}$	Ridgwell，2001
$rain\ ratio$	沉积雨比例	0.1	本研究
PP_S	箱体"S"初级生产力	0.48×10^{12} mol P/a	本研究
PP_N	箱体"N"初级生产力	0.3×10^{12} mol P/a	本研究
g	箱体"I" and "D"中 POC 和 PIC 的溶解比例	0.5	Toggweiler，2008
rom	POC 沉积比例	0.01	本研究
f_{sil}	硅酸盐风化基线值	5×10^{12} mol/a	本研究
f_{carb}	碳酸盐风化基线值	10.7×10^{12} mol/a	本研究
CO_{2ref}	MCO 时期 CO_2 参考值	400×10^{-6}	本研究
αs	风化幂指数参数	0.3	Walker and Kasting，1992
$DG_{vol+kero}$	火山与沉积物氧化释放 CO_2	7.78×10^{12} mol/a	本研究
P_v	海—气交换的活塞速度	3 m/d	Toggweiler，2008
WDAMP	深水碳酸盐沉积阻尼	3×10^{-5}/a	本研究
CDTARG	底层水目标浓度	85 μmol/kg	Toggweiler，2008
ε_p	有机碳碳同位素分馏	～23‰	本研究
$\delta^{13}C_{riv}$	河流输入碳同位素组成	～5‰	本研究
$\delta^{13}C_{vol+kero}$	火山与沉积物氧化释放 CO_2 的碳同位素组成	～5‰	Kump and Arthur，1999
$rivPO_4$	河流输入的磷酸盐	2.5×10^{10} mol/a	本研究

3.2.1　磷酸盐(PO_4^{3-})

PO_4^{3-} 浓度 $[PO_4^{3-}]$ 在 6 个海洋箱体的微分表达形式为

$$\frac{d[PO_4^{3-}{}_S]}{dt} = \frac{1}{Vol_S} \times$$

$$[\underbrace{(f_{se}+Q3) \times ([PO_4^{3-}{}_E]-[PO_4^{3-}{}_S])+f_{si} \times ([PO_4^{3-}{}_I]-[PO_4^{3-}{}_S])}_{\text{洋流,混合作用}} - \underbrace{PP_S}_{\text{生产力}}]$$

$$\frac{d[PO_4^{3-}{}_E]}{dt} = \frac{1}{Vol_E} \times$$

$$[\underbrace{f_{se} \times ([PO_4^{3-}{}_S]-[PO_4^{3-}{}_E])+f_{en} \times ([PO_4^{3-}{}_N]-[PO_4^{3-}{}_E])}_{\text{洋流,混合作用}}+$$

$$\underbrace{(Q1+Q3+f_{ed}) \times ([PO_4^{3-}{}_D]-[PO_4^{3-}{}_E])}_{\text{洋流,混合作用}}+\underbrace{riv PO4}_{\text{河流输入}}-\underbrace{PP_E}_{\text{生产力}}]$$

$$\frac{d[PO_4^{3-}{}_N]}{dt} = \frac{1}{Vol_N} \times$$

$$[\underbrace{(f_{en}+Q1) \times ([PO_4^{3-}{}_E]-[PO_4^{3-}{}_N])+f_{nd} \times ([PO_4^{3-}{}_D]-[PO_4^{3-}{}_N])}_{\text{洋流,混合作用}} - \underbrace{PP_N}_{\text{生产力}}]$$

$$\frac{d[PO_4^{3-}{}_I]}{dt} = \frac{1}{Vol_I} \times$$

$$[\underbrace{(f_{si}+Q3) \times ([PO_4^{3-}{}_S]-[PO_4^{3-}{}_I])+(f_{id}+Q2) \times}_{\text{洋流,混合作用}}$$

$$\underbrace{([PO_4^{3-}{}_D]-[PO_4^{3-}{}_I])+f_{ib} \times ([PO_4^{3-}{}_B]-[PO_4^{3-}{}_I])}_{\text{洋流,混合作用}}+$$

$$\underbrace{g \times (1-rom) \times PP_S}_{\text{再矿化}}]$$

$$\frac{d[PO_4^{3-}{}_D]}{dt} = \frac{1}{Vol_D} \times$$

$$\underbrace{[f_{ed} \times ([PO_4^{3-}{}_E] - [PO_4^{3-}{}_D]) + (f_{nd} + Q1) \times ([PO_4^{3-}{}_N] - [PO_4^{3-}{}_D]) +}_{\text{洋流,混合作用}}$$

$$\underbrace{f_{id} \times ([PO_4^{3-}{}_I] - [PO_4^{3-}{}_D]) + (Q2 + Q3 + f_{db}) \times ([PO_4^{3-}{}_B] - [PO_4^{3-}{}_D]) +}_{\text{洋流,混合作用}}$$

$$\underbrace{g \times (1 - rom) \times (PP_E + PP_N)]}_{\text{再矿化}}$$

$$\frac{d[PO_4^{3-}{}_B]}{dt} = \frac{1}{Vol_B} \times$$

$$\underbrace{[f_{db} \times ([PO_4^{3-}{}_D] - [PO_4^{3-}{}_B]) + (Q2 + Q3 + f_{ib}) \times ([PO_4^{3-}{}_I] - [PO_4^{3-}{}_B]) +}_{\text{洋流,混合作用}}$$

$$\underbrace{(1 - g) \times (1 - rom) \times (PP_E + PP_N + PP_S)]}_{\text{再矿化}}$$

式中,下标 S, E, N, I, D, B 分别代表各个箱体的变量值。大洋环流和海水混合作用使 PO_4^{3-} 在各个箱体间流动。两个高纬箱体"S"和"N"中的输出生产力分别给定为 $PP_S = 0.48 \times 10^{12}$ mol P/a 和 $PP_N = 0.3 \times 10^{12}$ mol P/a。低纬箱体"E"的生产力由 $[PO_4^{3-}]$ 水平控制,河流(rivPO$_4$)和其他箱体输入的 PO_4^{3-} 全部被藻类生长所消耗(方程(3-1))(Toggweiler, 1999, 2008)。g 表示颗粒有机磷(POP)在深层水("I"和"D"箱体)中再矿化(remineralization)的比例,剩余部分($1-g$)在 B 箱体中再矿化,只有1%(rom)的 POP 被保存到沉积物中,以平衡河流输入的 rivPO$_4$。

$$PP_E = f_{se} \times ([PO_4^{3-}{}_S] - [PO_4^{3-}{}_E]) + f_{en} \times$$
$$([PO_4^{3-}{}_N] - [PO_4^{3-}{}_E]) + (Q1 + Q3 + f_{ed}) \times$$
$$([PO_4^{3-}{}_D] - [PO_4^{3-}{}_E]) + riv\text{PO}_4 \qquad (3-1)$$

3.2.2　溶解无机碳（DIC）

DIC 是海洋中溶解形式二氧化碳（CO_{2aq}），碳酸氢根（HCO_3^-）和碳酸根（$CO_3^=$）的总和，即$[DIC]=[CO_{2aq}]+[HCO_3^-]+[CO_3^=]$。$[DIC]$在 6 个海洋箱体以及大气 CO_2 含量的微分表达形式为

$$\frac{d[DIC_S]}{dt}=\frac{1}{Vol_S}\times$$

$$[\underbrace{(f_{se}+Q3)\times([DIC_E]-[DIC_S])+\cdots}_{\text{洋流,混合作用}}-\underbrace{rcp_{org}\times PP_S}_{POC}-$$

$$\underbrace{rain\ ratio\times rcp_{org}\times PP_S}_{PIC}+\underbrace{sol_S\times(pCO_{2A}-pCO_{2S})}_{\text{海气交换}}]$$

$$\frac{d[DIC_E]}{dt}=\frac{1}{Vol_E}\times$$

$$[\underbrace{f_{se}\times([DIC_S]-[DIC_E])+\cdots}_{\text{洋流,混合作用}}-\underbrace{rcp_{org}\times PP_E}_{POC}-$$

$$\underbrace{rain\ ratio\times rcp_{org}\times PP_E}_{PIC}+\underbrace{sol_E\times(pCO_{2A}-pCO_{2E})}_{\text{海气交换}}-$$

$$\underbrace{carbsh}_{\text{浅水碳酸盐沉积}}+\underbrace{Wcar}_{\text{河流输入}}]$$

$$\frac{d[DIC_N]}{dt}=\frac{1}{Vol_N}\times$$

$$[\underbrace{(f_{en}+Q1)\times([DIC_E]-[DIC_N])+\cdots}_{\text{洋流,混合作用}}-\underbrace{rcp_{org}\times PP_N}_{POC}-$$

$$\underbrace{rain\ ratio\times rcp_{org}\times PP_N}_{PIC}+\underbrace{sol_N\times(pCO_{2A}-pCO_{2N})}_{\text{海气交换}}]$$

$$\frac{\mathrm{d}[DIC_I]}{\mathrm{d}t} = \frac{1}{Vol_I} \times$$

$$\underbrace{[(f_{\mathrm{si}} + Q3) \times ([DIC_S] - [DIC_I]) + \cdots}_{\text{洋流,混合作用}} +$$

$$\underbrace{g \times (1 - rom) \times rcp_{\mathrm{org}} \times PP_S}_{\text{POC再矿化}} + \underbrace{g \times rainratio \times rcp_{\mathrm{org}} \times PP_S]}_{\text{PIC溶解}}$$

$$\frac{\mathrm{d}[DIC_D]}{\mathrm{d}t} = \frac{1}{Vol_D} \times$$

$$\underbrace{[f_{\mathrm{ed}} \times ([DIC_E] - [DIC_D]) + \cdots}_{\text{洋流,混合作用}} +$$

$$\underbrace{g \times (1 - rom) \times rcp_{\mathrm{org}} \times (PP_E + PP_N)}_{\text{POC再矿化}} +$$

$$\underbrace{g \times rain\ ratio \times rcp_{\mathrm{org}} \times (PP_E + PP_N)]}_{\text{PIC溶解}}$$

$$\frac{\mathrm{d}[DIC_B]}{\mathrm{d}t} = \frac{1}{Vol_B} \times$$

$$\underbrace{[f_{\mathrm{db}} \times ([DIC_D] - [DIC_B]) \cdots}_{\text{洋流,混合作用}} +$$

$$\underbrace{(1 - g) \times (1 - rom) \times rcp_{\mathrm{org}} \times (PP_E + PP_N + PP_S)}_{\text{POC再矿化}} +$$

$$\underbrace{(1 - g) \times rain\ ratio \times rcp_{\mathrm{org}} \times (PP_E + PP_N + PP_S)}_{\text{PIC溶解}} -$$

$$\underbrace{Carb_{\mathrm{bottom}}}_{\text{深水碳酸盐沉积}}]$$

$$\frac{\mathrm{d}[pCO_2]}{\mathrm{d}t} = \frac{1}{V_{\mathrm{atm}}} \times$$

$$\underbrace{[sol_S \times (pCO_{2S} - pCO_{2A}) + sol_E \times (pCO_{2E} - pCO_{2A})}_{\text{海气交换}} +$$

$$\underbrace{sol_N \times (pCO_{2N} - pCO_{2A})}_{\text{海气交换}} + \underbrace{DG_{\text{volkero}}}_{\text{火山作用和有机质氧化}} \Big]$$

洋流和海水混合作用对[DIC]的影响与$[PO_4^{3-}]$相似。假设浮游藻类合成有机质时吸收 C 与 P 的比例固定(Redfield ratio),表层输出的 POC 可根据这一比率计算得到。钙质藻类形成的壳体在模型中被认为是 PIC,其吸收的碳可根据沉积雨比例 rain ratio(即 PIC/POC)求得。表层海水与大气的 CO_2 交换由 CO_2 在海水中的溶解度(sol)和海水与大气 CO_2 浓度差决定。当海水 CO_2 浓度高于大气时,海洋向大气释放 CO_2,反之海洋则吸收大气 CO_2。sol 是根据 Zeebe and Wolf-Gladrow(2001)的方法计算得到。

POC 沉降过程中在"I""D"和"B"箱体中再矿化释放 CO_2 会使 DIC 增加。模型中有 1%(rom)的 POC 被保存到沉积物中。PIC 同样也有部分在"I""D"和"B"箱体中溶解。一部分浅水碳酸盐在"E"中沉积,沉积通量 $Carbsh = 9 \times 10^{12}$ mol/a。"B"箱体中深水碳酸盐沉积通量按照 Toggweiler(2008)的方法计算:

$$Carb_{\text{bottom}} = \text{WDAMP} \times [\text{DIC}_B]/\text{CDTARG} \times$$
$$([\text{CO}_3^=]_B - \text{CDTARG}) \times Vol_B$$

式中,$[\text{CO}_3^=]_B$ 为"B"箱体中的碳酸根浓度,CDTARG$=85$ μmol/kg 为 $[\text{CO}_3^=]_B$ 的目标浓度。当$[\text{CO}_3^=]_B$ 大于 CDTARG 时碳酸盐发生沉积,而当$[\text{CO}_3^=]_B$ 小于 CDTARG 时碳酸盐发生溶解。$[\text{CO}_3^=]$可根据 DIC 和 ALK 计算得到(Zeebe and Wolf-Gladrow,2001)。WDAMP$=3 \times 10^{-5}$/a 为阻尼系数,反映了溶跃面深度变化幅度可达± 500 m(Russon et al.,2010)。

河流输入的 DIC 受硅酸盐和碳酸盐风化速率控制[方程(3-2)、方程(3-3)]。风化速率主要受控于大气 CO_2 含量[方程(3-4)、方程

(3-5)〕(Walker and Kasting,1992)。

$$CaSiO_3 + 2CO_2 + 2H_2O \longrightarrow 2HCO_3^- + 2H^+ + Ca^{2+} + SiO_3^{2-}$$

$$(3-2)$$

$$CaCO_3 + CO_2 + H_2O \longrightarrow 2HCO_3^- + Ca^{2+} \qquad (3-3)$$

$$W_{sil} = f_{sil} \times (pCO_2/pCO_{2\,ref})^{\alpha s} \qquad (3-4)$$

$$W_{car} = f_{car} \times (pCO_2/pCO_{2\,ref}) \qquad (3-5)$$

式中,W_{sil} 和 W_{car} 分别代表硅酸盐和碳酸盐风化速率。f_{si} 和 f_{car} 分别表示硅酸盐和碳酸盐风化速率的基线值。$pCO_{2\,ref} = 400 \times 10^{-6}$ 为 MCO 时期的参考值。系数 αs 设定为 0.3。根据式(3-1)硅酸盐风化时吸收 2 份大气 CO_2 向海洋输入 2 份 HCO_3^-,如果将大气—海洋系统作为一个整体,硅酸盐风化的 DIC 输入为 0。碳酸盐风化时吸收 1 份大气 CO_2 向海洋输入 2 份 HCO_3^-,碳酸盐风化向大气—海洋系统输入 DIC 为 1。在模型处理中硅酸盐和碳酸盐风化并是不直接从大气箱体"A"中减掉风化消耗的 CO_2 后再将这部分 DIC 加入到海洋,因为海—气交换能很快达到平衡,将这部分 CO_2 重新释放到大气(Walker and Kasting,1992)。模型将大气—海洋系统作为整体,首先不考虑风化作用消耗的大气 CO_2,而是直接假设河流输入的 DIC 为碳酸盐风化 W_{car},ALK 输入为 $2 \times (W_{car} + W_{sil})$,这样计算的大气 CO_2 误差会很小(A. Ridgwell,2010,私人通信)。

3.2.3 碱度(ALK)

碱度是海水中保守阳离子(Na^+,K^+,Ca^{2+},Mg^{2+})与保守阴离子(Cl^-,SO_4^{2-},NO_3^-)的差值,反映了海水中弱酸根阴离子的浓度。总碱度 $TA \approx [HCO_3^-] + 2[CO_3^=] + [B(OH)_4^-] + [OH^-] - [H^+]$(Zeebe and Wolf-Gladrow，2001）。主要考虑碳循环过程对 ALK 的影响。[ALK]在 6 个海洋箱体的微分表达形式为

$$\frac{d[ALK_S]}{dt} = \frac{1}{Vol_S} \times$$

$$\{ \underbrace{[(f_{se} + Q3) \times ([ALK_E] - [ALK_S]) + \cdots]}_{\text{洋流,混合作用}} +$$

$$\underbrace{0.7 \times mp_{org} \times PP_S}_{NO_3^- \text{吸收}} - \underbrace{2 \times rain\ ratio \times rcp_{org} \times PP_S}_{PIC} \}$$

$$\frac{d[ALK_E]}{dt} = \frac{1}{Vol_E} \times$$

$$[\underbrace{f_{se} \times ([ALK_S] - [ALK_E]) + \cdots}_{\text{洋流,混合作用}} + \underbrace{0.7 \times mp_{org} \times PP_E}_{NO_3^- \text{吸收}} -$$

$$\underbrace{2 \times rain\ ratio \times rcp_{org} \times PP_E}_{PIC} - \underbrace{2 \times carbsh}_{\text{浅水碳酸盐沉积}} + \underbrace{2 \times (W_{car} + W_{sil})}_{\text{河流输入}}]$$

$$\frac{d[ALK_N]}{dt} = \frac{1}{Vol_N} \times$$

$$[\underbrace{(f_{en} + Q1) \times ([ALK_E] - [ALK_N]) + \cdots}_{\text{洋流,混合作用}} + \underbrace{0.7 \times mp_{org} \times PP_N}_{NO_3^- \text{吸收}} -$$

$$\underbrace{2 \times rain\ ratio \times rcp_{org} \times PP_N}_{PIC}]$$

$$\frac{d[DIC_I]}{dt} = \frac{1}{Vol_I} \times$$

$$[\underbrace{(f_{si} + Q3) \times ([DIC_S] - [DIC_I]) + \cdots}_{\text{洋流,混合作用}} -$$

$$\underbrace{0.7 \times g \times (1 - rom) \times mp_{org} \times PP_S}_{\text{硝化作用}} +$$

$$\underbrace{2 \times g \times rain\ ratio \times rcp_{\text{org}} \times PP_S]}_{\text{PIC溶解}}$$

$$\frac{\text{d}[\text{ALK}_D]}{\text{d}t} = \frac{1}{Vol_D} \times$$

$$\underbrace{[f_{\text{ed}} \times ([\text{ALK}_E] - [\text{ALK}_D]) + \cdots -}_{\text{洋流,混合作用}}$$

$$\underbrace{0.7 \times g \times (1 - rom) \times rnp_{\text{org}} \times (PP_E + PP_N) +}_{\text{硝化作用}}$$

$$\underbrace{2 \times g \times rain\ ratio \times rcp_{\text{org}} \times (PP_E + PP_N)]}_{\text{PIC溶解}}$$

$$\frac{\text{d}[\text{ALK}_B]}{\text{d}t} = \frac{1}{Vol_B} \times$$

$$(\underbrace{f_{\text{db}} \times ([\text{ALK}_D] - [\text{ALK}_B])\cdots}_{\text{洋流,混合作用}} - \underbrace{2 \times Carb_{\text{bottom}}}_{\text{深水碳酸盐沉积}} -$$

$$\underbrace{0.7 \times (1 - g) \times (1 - rom) \times rnp_{\text{org}} \times (PP_E + PP_N + PP_S) +}_{\text{硝化作用}}$$

$$\underbrace{2 \times (1 - g) \times rain\ ratio \times rcp_{\text{org}} \times (PP_E + PP_N + PP_S)]}_{\text{PIC溶解}}$$

根据定义,ALK 不包括 CO_2,因此海—气交换和浮游植物光合作用形成 POC 不会改变 ALK。但浮游物生长吸收 NO_3^- 会使 ALK 增加而颗粒有机氮(PON)的硝化作用却会使 ALK 降低。模型中 PON 根据 POP 和 rnp_{org}(Redfield ratio N∶P)计算。ALK 与 PON 关系根据 Ridgwell(2001)给出的公式计算。PIC 溶解和深水碳酸盐沉积过程产生 ALK 变化与 DIC 公式中的关系相似,只是具体数值变为 DIC 的 2 倍。河流输入的 ALK 也受硅酸盐和碳酸盐风化速率控制。由于 CO_2 不引起碱度变化,根据式(3-2)和式(3-3),硅酸盐风化引起的 ALK 和 DIC 变化 ΔALK∶ΔDIC=2∶0,而在碳酸盐风化中 ΔALK∶ΔDIC=

$2:1$，则河流输入的 ALK 为 $2 \times (W_{car} + W_{sil})$。

3.2.4　碳同位素($\delta^{13}C$)

$\delta^{13}C$ 在 6 个海洋箱体和大气箱体中的微分表达形式为

$$\frac{d\delta^{13}C_S}{dt} = \frac{1}{Vol_S} \times$$

$$\underbrace{\{(f_{se} + Q3) \times (\delta^{13}C_E - \delta^{13}C_S) + \cdots}_{\text{洋流,混合作用}} -$$

$$\underbrace{rcp_{org} \times PP_S \times (\delta^{13}C_S + \varepsilon_p)}_{\text{POC同位素分馏}} -$$

$$\underbrace{rain\ ratio \times rcp_{org} \times PP_S \times \delta^{13}C_S}_{\text{PIC}} +$$

$$\underbrace{ffdp \times sol_S \times [pCO_{2A} \times (\delta^{13}C_A + \varepsilon_{as}) - pCO_{2S} \times (\delta^{13}C_S + \varepsilon_{sa})]\}}_{\text{海气交换同位素分馏}}$$

$$\frac{d\delta^{13}C_E}{dt} = \frac{1}{Vol_E} \times$$

$$\underbrace{\{f_{se} \times (\delta^{13}C_S - \delta^{13}C_E) + \cdots}_{\text{洋流,混合作用}} - \underbrace{rcp_{org} \times PP_E \times (\delta^{13}C_E + \varepsilon_p)}_{\text{POC同位素分馏}} -$$

$$\underbrace{rain\ ratio \times rcp_{org} \times PP_E \times \delta^{13}C_E}_{\text{PIC}} - \underbrace{carbsh \times \delta^{13}C_E}_{\text{浅水碳酸盐沉积}} + \underbrace{W_{car} \times \delta^{13}C_{riv}}_{\text{河流输入}} +$$

$$\underbrace{ffdp \times sol_E \times [pCO_{2A} \times (\delta^{13}C_A + \varepsilon_{as}) - pCO_{2E} \times (\delta^{13}C_E + \varepsilon_{sa})]\}}_{\text{海气交换同位素分馏}}$$

$$\frac{d\delta^{13}C_N}{dt} = \frac{1}{Vol_N} \times$$

$$\underbrace{\{(f_{en} + Q1) \times (\delta^{13}C_E - \delta^{13}C_N) + \cdots}_{\text{洋流,混合作用}} -$$

$$\underbrace{rcp_{org} \times PP_N \times (\delta^{13}C_N + \varepsilon_p)}_{\text{POC同位素分馏}} -$$

$$\underbrace{rain\ ratio \times rcp_{\mathrm{org}} \times PP_N \times \delta^{13}C_N}_{\text{PIC}} +$$

$$\underbrace{ffdp \times sol_N \times \left[pCO_{2A} \times (\delta^{13}C_A + \varepsilon_{as}) - pCO_{2N} \times (\delta^{13}C_N + \varepsilon_{sa}) \right]\}}_{\text{海气交换同位素分馏}}$$

$$\frac{\mathrm{d}\delta^{13}C_I}{\mathrm{d}t} = \frac{1}{Vol_I} \times$$

$$\underbrace{[(f_{\mathrm{si}} + Q3) \times (\delta^{13}C_S - \delta^{13}C_I) + \cdots}_{\text{洋流,混合作用}} +$$

$$\underbrace{g \times (1 - rom) \times rcp_{\mathrm{org}} \times PP_S \times (\delta^{13}C_I + \varepsilon_p)}_{\text{POC再矿化}} +$$

$$\underbrace{g \times rain\ ratio \times rcp_{\mathrm{org}} \times PP_S \times \delta^{13}C_I]}_{\text{PIC溶解}}$$

$$\frac{\mathrm{d}\delta^{13}C_D}{\mathrm{d}t} = \frac{1}{Vol_D} \times$$

$$\underbrace{\{f_{\mathrm{ed}} \times (\delta^{13}C_E - \delta^{13}C_D) + \cdots}_{\text{洋流,混合作用}} +$$

$$\underbrace{g \times (1 - rom) \times rcp_{\mathrm{org}} \times \left[PP_E \times (\delta^{13}C_E + \varepsilon_p) + PP_N \times (\delta^{13}C_N + \varepsilon_p) \right]}_{\text{POC再矿化}} +$$

$$\underbrace{g \times rain\ ratio \times rcp_{\mathrm{org}} \times \left[PP_E \times (\delta^{13}C_E + \varepsilon_p) + PP_N \times (\delta^{13}C_N + \varepsilon_p) \right]\}}_{\text{PIC溶解}}$$

$$\frac{\mathrm{d}\delta^{13}C_B}{\mathrm{d}t} = \frac{1}{Vol_B} \times$$

$$\underbrace{(f_{\mathrm{db}} \times (\delta^{13}C_D - \delta^{13}C_B) \cdots}_{\text{洋流,混合作用}} + \underbrace{(1 - g) \times (1 - rom) \times rcp_{\mathrm{org}} \times}_{\text{POC再矿化}}$$

$$\underbrace{\left[PP_E \times (\delta^{13}C_E + \varepsilon_p) + PP_N \times (\delta^{13}C_N + \varepsilon_p) + PP_S \times (\delta^{13}C_S + \varepsilon_p) \right]}_{\text{POC再矿化}} +$$

$$\underbrace{(1-g) \times rain\ ratio \times rcp_{\text{org}} \times (PP_E \times \delta^{13}C_E + PP_N \times \delta^{13}C_N + PP_S \times \delta^{13}C_S)}_{\text{PIC溶解}} -$$

$$\underbrace{Carb_{\text{bottom}} \times (Vol_E \times \delta^{13}C_E + Vol_N \times \delta^{13}C_N + Vol_S \times \delta^{13}C_S)/Vol}_{\text{深水碳酸盐沉积}}]$$

$$\frac{\mathrm{d}\delta^{13}C_A}{\mathrm{d}t} = \frac{1}{V_{\text{atm}}} \times$$

$$\underbrace{\{-ffdp \times \{sol_S \times [p\mathrm{CO}_{2A} \times (\delta^{13}C_A + \varepsilon_{as}) - p\mathrm{CO}_{2S} \times (\delta^{13}C_S + \varepsilon_{sa})]}_{\text{海气交换同位素分馏}} +$$

$$\underbrace{sol_E \times [p\mathrm{CO}_{2A} \times (\delta^{13}C_A + \varepsilon_{as}) - p\mathrm{CO}_{2E} \times (\delta^{13}C_E + \varepsilon_{sa})]}_{\text{海气交换同位素分馏}} +$$

$$\underbrace{sol_N \times [p\mathrm{CO}_{2A} \times (\delta^{13}C_A + \varepsilon_{as}) - p\mathrm{CO}_{2N} \times (\delta^{13}C_N + \varepsilon_{sa})]\}}_{\text{海气交换同位素分馏}} +$$

$$\underbrace{DG_{\text{volkero}} \times \delta^{13}C_{\text{vol+kero}}\}}_{\text{火山作用和有机质氧化}}$$

除了考虑同位素分馏效应以外,$\delta^{13}C$ 的计算与 DIC 类似。海—气交换的同位素分馏过程是温度的函数,模型采用 Yamanaka and Tajika (1996)的方程描述这一过程[方程(3-6),方程(3-7)]:

$$\varepsilon_{as} = 0.19 - \frac{373}{T}‰ \tag{3-6}$$

$$\varepsilon_{sa} = \frac{[\mathrm{CO}_2] + \left(24.12 - \frac{9866}{T}\right)[\mathrm{HCO}_3^-] - 7.1 \times [\mathrm{CO}_3^=]}{[\mathrm{CO}_2] + [\mathrm{HCO}_3^-] + [\mathrm{CO}_3^=]}‰ \tag{3-7}$$

式中,参数 $ffdp$ 取值为 0.999 5。浮游藻类形成 POC 时的碳同位素分馏系数 ε_p 约为 23‰。模型中认为 PIC 的 $\delta^{13}C$ 与海水是达到平衡的,同位素分馏效应被忽略不计。

3.3　模　拟　结　果

3.3.1　控制实验

控制实验的目的是在不改变外部驱动和模型参数条件下,使模型达到稳定状态时能够满足 MCO 时期的平均气候状态。控制实验结果能为研究大洋碳储库变化机制提供对比的基础。在模型达到稳定之后,改变指定的参数可以对比分析特定过程对碳循环的影响。在给定初始值后,按照表 3 - 2 的参数和欧拉数值解法使模型运行 2 百万年(Myr)模型时间后基本可达到平衡状态(表 3 - 3)。MCO 时期的重建大气 CO_2 浓度还存在较大争议(Pagani et al. , 1999;Pearson and Palmer,2000;Kürschner et al. , 2008;Tripati et al. , 2009)。论文根据最近发表利用树叶气孔密度(Kürschner et al. , 2008)和 B/Ca 比值(Tripati et al. , 2009)的重建记录以及最近的数值模拟结果(You et al. , 2009;Langebroek et al. , 2009),将稳定状态时 $p\mathrm{CO}_2$ 调整到约 400×10^{-6}。底层水 $\delta^{13}\mathrm{C}$ 的稳定解为 1.58‰与全球底栖有孔虫合成记录(Zachos et al. , 2001a)一致。虽然浮游有孔虫 $\delta^{13}\mathrm{C}$ 记录较少,但热带地区"E"箱体 $\delta^{13}\mathrm{C}$ 的稳定值(3.02‰)与热带地区 DSDP(Deep Sea Drilling Project)237、289 站位浮游 $\delta^{13}\mathrm{C}$ 记录接近(Woodruff and Savin,1991)。浅水和深水碳酸盐沉积比例稳定时约达 43%,与现代浅海陆架约占 50%的全大洋碱度输出比例接近(Rickaby et al. , 2010)。

模型达到稳定状态之后,用 17—13 Ma 的 ETP 参数作为模型的外部驱动。ETP 参数是根据 La2004(Laskar et al. , 2004)天文轨道参数的合成数据,分别将偏心率(Eccentricity),斜率(Obliquity 或 Tilt)和岁差(Precession)标准化后(即分别减去各自平均值后除以标准差)按照

1：1：－1的比例合成后再次标准化得到。建立模型参数与 ETP 的函数关系,并用这些参数变化驱动已经达到平衡的系统。

表 3 - 3 控制实验稳定状态结果

变　量	描　述	数　值
$\delta^{13}C_S$	箱体"S"的海水碳同位素	2.55‰
$\delta^{13}C_E$	箱体"E"的海水碳同位素	3.02‰
$\delta^{13}C_N$	箱体"N"的海水碳同位素	2.74‰
$\delta^{13}C_I$	箱体"I"的海水碳同位素	2.06‰
$\delta^{13}C_D$	箱体"D"的海水碳同位素	1.83‰
$\delta^{13}C_B$	箱体"B"的海水碳同位素	1.58‰
$[DIC]_S$	箱体"S"的溶解无机碳浓度	2 142 mmol/m³
$[DIC]_E$	箱体"E"的溶解无机碳浓度	2 072 mmol/m³
$[DIC]_N$	箱体"N"的溶解无机碳浓度	2 121 mmol/m³
$[DIC]_I$	箱体"I"的溶解无机碳浓度	2 190 mmol/m³
$[DIC]_D$	箱体"D"的溶解无机碳浓度	2 213 mmol/m³
$[DIC]_B$	箱体"B"的溶解无机碳浓度	2 241 mmol/m³
$[ALK]_S$	箱体"S"的碱度	2 365 mmol/m³
$[ALK]_E$	箱体"E"的碱度	2 364 mmol/m³
$[ALK]_N$	箱体"N"的碱度	2 364 mmol/m³
$[ALK]_I$	箱体"I"的碱度	2 365 mmol/m³
$[ALK]_D$	箱体"D"的碱度	2 369 mmol/m³
$[ALK]_B$	箱体"B"的碱度	2 365 mmol/m³
$[PO_4^{3-}]_S$	箱体"S"的磷酸盐浓度	1.07 mmol/m³
$[PO_4^{3-}]_E$	箱体"E"的磷酸盐浓度	0.4 mmol/m³
$[PO_4^{3-}]_N$	箱体"N"的磷酸盐浓度	0.78 mmol/m³
$[PO_4^{3-}]_I$	箱体"I"的磷酸盐浓度	1.48 mmol/m³

变　量	描　述	数　值
$[PO_4^{3-}]_D$	箱体"D"的磷酸盐浓度	1.63 mmol/m³
$[PO_4^{3-}]_B$	箱体"B"的磷酸盐浓度	1.93 mmol/m³
$[CO_3^=]_S$	箱体"S"的碳酸根浓度	166.2 mmol/m³
$[CO_3^=]_E$	箱体"E"的碳酸根浓度	213.3 mmol/m³
$[CO_3^=]_N$	箱体"N"的碳酸根浓度	181.2 mmol/m³
$[CO_3^=]_I$	箱体"I"的碳酸根浓度	136.6 mmol/m³
$[CO_3^=]_D$	箱体"D"的碳酸根浓度	125.9 mmol/m³
$[CO_3^=]_B$	箱体"B"碳酸根浓度	106.3 mmol/m³
pCO_2	大气 CO_2 浓度	399×10^{-6}
Carbbottom	深水碳酸盐沉积	6.8×10^{12} mol/a
OrgCdep	总有机碳埋藏量	2.64×10^{12} mol/a

3.3.2　风化输入强迫实验

模型按照表 3-2 参数运行 2 Myrs 达到平衡后,硅酸盐和碳酸盐风化速率由 $f_{sil} = 5.0 \times 10^{12}$ mol/a 和 $f_{car} = 10.7 \times 10^{12}$ mol/a 改变为 $f_{sil} = 5.0 \times 10^{12} \times (1 + 0.15 \times ETP)$ mol/a 和 $f_{car} = 10.7 \times 10^{12} \times (1 + 0.3 \times ETP)$ mol/a,而其他参数保持不变。这种函数关系隐含了风化过程对 ETP 线性响应的假设,但具体的物理机制却并不明确。模型再运行 4 Myrs(对应地质年代 17—13 Ma)结果如图 3-2 所示。在洋流和河流营养输入不改变的情况下,生产力也不发生变化,因此有机碳埋藏量(图 3-2a)保持不变。ETP 驱动的风化速率变化可以改变河流输入 DIC 和 ALK 的变化。当偏心率处于高值(低值)期时,DIC 和 ALK 的输入增加(减小),底层水碳酸根浓度 $[CO_3^=]_B$ 增加(减小)从而造成碳酸盐沉积增加(减小)。由于 $CaCO_3$ 相对有机碳富含 ^{13}C,$CaCO_3$ 埋藏增加

（减少）使 $\delta^{13}C$ 变轻（变重）。因此 $\delta^{13}C$（图 3 - 2d，e）与 $CaCO_3$ 沉积（图 3 - 2b）、沉积物中碳酸盐比例 $FCaCO_3$（图 3 - 2c）成反相位关系。风化输入强迫实验结果还显示 $\delta^{13}C$ 具有明显的 40 万年周期，$\delta^{13}C$ 高值与偏心率（图 3 - 2h）低值一一对应，但存在约 50 kyrs 的相位差。表层（图 3 - 2e）和底层（图 3 - 2d）水的 $\delta^{13}C$ 相位一致，同步变化。

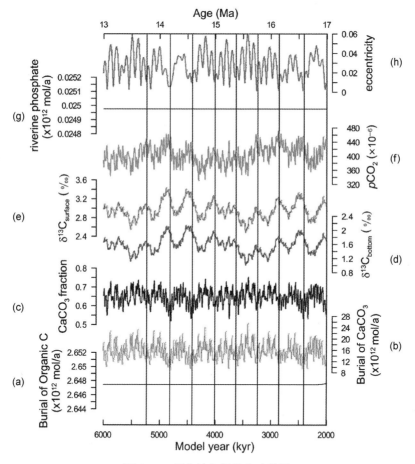

图 3 - 2　风化输入强迫实验结果

（a）总有机碳埋藏通量；（b）总碳酸盐沉积通量；（c）沉积物中碳酸盐比例（$CaCO_3$/（$CaCO_3$＋POC））；（d）"B"箱体海水碳同位素；（e）表层箱体（"S"，"E"，"N"）海水平均碳同位素；（f）大气 CO_2 含量；（g）河流输入磷酸盐；（h）地球轨道偏心率（Laskar et al.，2004）。垂线表示偏心率 40 万年周期的最小值。顶部 x 轴表示地质年代，底部 x 轴表示模型从初始时间零开始的运行时间

3.3.3 营养盐输入强迫实验

在营养盐输入强迫实验中，河流输入磷酸盐由 $rivPO_4 = 2.5 \times 10^{10}$ mol/a 改变为 $rivPO_4 = 2.5 \times 10^{10} \times (1 + 0.3 \times ETP)$ mol/a（图

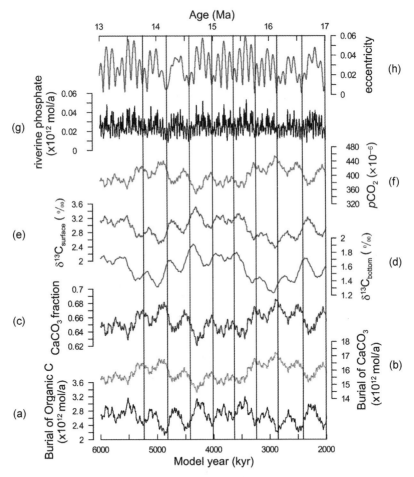

图 3-3　营养盐输入强迫实验结果

（a）总有机碳埋藏通量；（b）总碳酸盐沉积通量；（c）沉积物中碳酸盐比例（$CaCO_3$/（$CaCO_3$ + POC））；（d）"B"箱体海水碳同位素；（e）表层箱体（"S"，"E"，"N"）海水平均碳同位素；（f）大气 CO_2 含量；（g）河流输入磷酸盐；（h）地球轨道偏心率（Laskar et al., 2004）。垂线表示偏心率 40 万年周期的最小值。顶部 x 轴表示地质年代，底部 x 轴表示模型从初始时间零开始的运行时间

3－3g),其他参数保持不变。图 3－3 显示河流输入磷酸盐增加时,初级生产力提高,有机碳埋藏量增加,而 $p\mathrm{CO_2}$ 减少(图 3－3f)。根据式(3－4)—式(3－5),$p\mathrm{CO_2}$ 减少使河流风化输入减少,再加上有机碳在深层水中再矿化释放 $\mathrm{CO_2}$ 使底层水酸化,$[\mathrm{CO_3^=}]_B$ 减小,碳酸盐沉积减小。因此有机碳沉积(图 3－3a)和碳酸盐沉积(图 3－3b)成反相位关系。沉积物中碳酸盐比例 $\mathrm{FCaCO_3}$(图 3－3c)与碳酸盐沉积相位一致,而与表层水 $\delta^{13}\mathrm{C}$(图 3－3e)成反相位关系。当碳酸盐沉积相对有机碳埋藏增加时,$\delta^{13}\mathrm{C}$ 变轻,而当有机碳埋藏相对碳酸盐沉积增加时,$\delta^{13}\mathrm{C}$ 变重。底层水 $\delta^{13}\mathrm{C}$(图 3－3d)与表层水 $\delta^{13}\mathrm{C}$ 都显示有明显的 40 万年周期,但存在明显相位差,底层水 $\delta^{13}\mathrm{C}$ 落后于表层水 $\delta^{13}\mathrm{C}$ 约 100 kyrs。有机碳埋藏与河流磷酸盐输入也存在约 100 kyrs 相位差。河流输入磷酸盐周期成分包括偏心率、斜率和岁差,而模型输出结果显示斜率和岁差周期明显减弱,偏心率长周期明显加强。

3.3.4　风化与营养盐综合强迫实验

当硅酸盐和碳酸盐风化速率分别为 $f\mathrm{sil}=5.0\times10^{12}\times(1+0.15\times\mathrm{ETP})$ mol/a 和 $f\mathrm{car}=10.7\times10^{12}\times(1+0.3\times\mathrm{ETP})$ mol/a,而河流磷酸盐输入为 $\mathrm{riv PO_4}=2.5\times10^{10}\times(1+0.3\times\mathrm{ETP})$ mol/a 时模型的计算结果如图 3－4 所示。偏心率处于高值期时,河流磷酸盐输入(图 3－4g)和碳酸盐沉积(图 3－4c)也处于高值期。有机碳埋藏(图 3－4a)落后于河流磷酸盐输入约 100 kyrs(图 3－4f)。底层水 $\delta^{13}\mathrm{C}$(图 3－4d)与表层水 $\delta^{13}\mathrm{C}$(图 3－4e)相位相同,而与沉积物中碳酸盐比例 $\mathrm{FCaCO_3}$(图3－4c)相位相反。碳酸盐沉积与风化输入强迫实验结果类似,说明风化引起的 DIC 和 ALK 输入对碳酸盐沉积起主导作用。有机质沉积与营养盐输入强迫实验结果类似,说明河流营养盐的输入对生产力变化起重要作用。

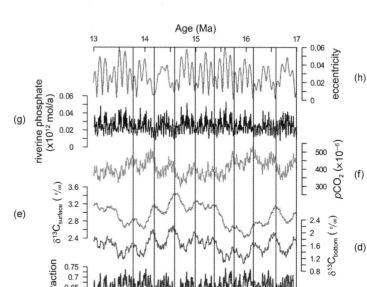

图 3-4 综合强迫实验结果

(a) 总有机碳埋藏通量;(b) 总碳酸盐沉积通量;(c) 沉积物中碳酸盐比例(CaCO₃/
(CaCO₃+POC));(d)"B"箱体海水碳同位素;(e) 表层箱体("S","E","N")海水
平均碳同位素;(f) 大气 CO_2 含量;(g) 河流输入磷酸盐;(h) 地球轨道偏心率
(Laskar et al.,2004)。垂线表示偏心率 40 万年周期的最小值。顶部 x 轴表示地
质年代,底部 x 轴表示模型从初始时间零开始的运行时间

3.4 中新世暖期大洋碳循环

3.4.1 δ¹³C 40 万年周期成因

模型外部驱动 ETP 的频谱显示偏心率(100-kyr,400-kyr),斜率

(40 - kyr)和岁差(19 - kyr，23 - kyr)的强度几乎相等(图 3 - 5a)，而三个强迫实验中模拟 $\delta^{13}C$ 结果却都显示 400-kyr 周期成分明显强于100-kyr，40-kyr，23 - kyr 和 19 - kyr 周期(图 3 - 5b—图 3 - 5d)。Broecker and Peng(1982)认为碳在大洋中的滞留时间可以长达十几至几十万年。$\delta^{13}C$ 40 万年周期的加强可能正反映了碳在大洋中的这一长滞留时间。滞留时间是系统达到平衡后，物质总量与流入或流出速率的比值，反映了物质在系统中的平均存留时间，也可以反映系统对外部条件变化的响应速度。滞留时间越长，系统对外部驱动的快速变化越不敏感，响应速率就越慢。具有长滞留时间的系统就类似一个低通滤波器，压制短周期变化，而突出长周期变化。Cramer et al. (2003)使用简单的物质守恒方程模拟了晚古新世—早始新世 $\delta^{13}C$ 的变化，当滞留时间为 100 kyrs 时，

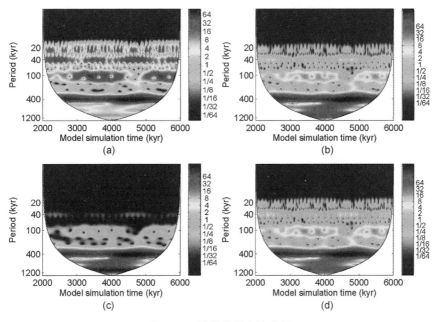

图 3 - 5　模拟结果小波分析

(a) ETP 频谱；(b) 综合强迫实验中模拟 $\delta^{13}C_{bottom}$ 频谱；(c) 营养盐输入强迫实验中模拟 $\delta^{13}C_{bottom}$ 频谱；(d) 风化输入强迫实验中模拟 $\delta^{13}C_{bottom}$ 频谱。小波分析方法由 Grinsted et al. (2004)提供

气候岁差驱动的 $\delta^{13}C$ 模拟结果显示了强烈的 40 万年周期,说明了长滞留时间对长周期变化的放大效应。在本研究使用的箱式模型中,海洋—大气系统达到平衡时总的碳含量为 2.95×10^{18} mol,有机碳和碳酸盐埋藏通量为 18.44×10^{12} mol/a,则模型中海洋—大气系统碳的滞留时间为 $2.95\times10^{18}/18.44\times10^{12}\approx160$ kyrs,与 Cramer et al. (2003) 100 kyrs 的假设接近。因此可以推断强迫实验中 $\delta^{13}C$ 模拟结果的 40 万年周期加强是由于大洋碳储库 >100 kyrs 的长滞留时间压制高频信号而通过低频信号的低通滤波效应所致。

3.4.2 $\delta^{13}C$ 模拟结果与偏心率相位关系

由于 MCO 时期高分辨率的浮游有孔虫 $\delta^{13}C$ 记录较少,无法将表层水 $\delta^{13}C$ 模拟结果与地质记录进行详细对比。这里只重点讨论了模拟结果与底栖有孔虫 $\delta^{13}C$ 的比较。Holbourn et al. (2005;2007)发表了东太平洋 ODP 1237 站位($16°S$, $76°22'W$,水深 3 212 m)MCO 时期高分辨率底栖有孔虫 $\delta^{18}O$,$\delta^{13}C$ 数据。$\delta^{18}O$ 数据与轨道参数调谐得到较为精确的天文地层年龄后,$\delta^{13}C$ 与 DSDP 588 站位($26°6'S$, $161°13'E$,水深 1 533 m)(Flower and Kennett,1993),ODP 1171 站位($48°30'S$,$149°6'E$,水深 2 147 m)(Shevenell and Kennett,2004)底栖有孔虫 $\delta^{13}C$ 数据有很好的一致性,说明 ODP 1237 站 $\delta^{13}C$ 可以反映 MCO 时期开放大洋的底层水信息。底层水模拟结果 $\delta^{13}C_{bottom}$ 与 $\delta^{13}C$ 记录(Holbourn et al.,2007)对比可发现无论在振幅还是相位上都具有很好的对应关系(图 3-6)。13.5 Ma 之前,$\delta^{13}C_{bottom}$ 的最大值都能与 $\delta^{13}C$ 记录的重值事件对应。从 13.5 Ma 以后,模拟结果与 ODP 1237 站的相似性变差。这段时间正好对应东南极冰盖扩张和洋流改组(Tian et al.,2009),因此模拟结果与地质记录的差异可能是由于边界条件改变造成的。因本章重点关注冰盖影响较小的 MCO 时期的大洋碳循环,所使用模型中并

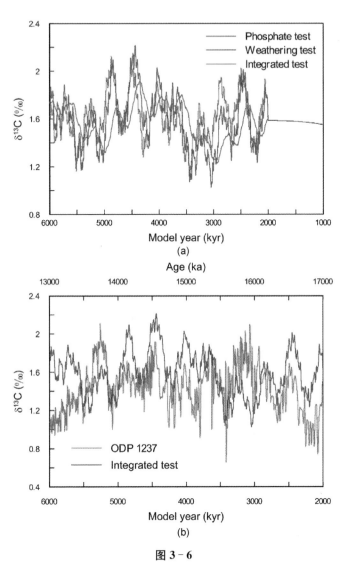

图 3 - 6

（a）风化输入强迫实验，营养盐输入强迫实验和综合强迫实验底层水 $\delta^{13}C$
模拟结果对比；（b）底层水 $\delta^{13}C$ 模拟结果与 ODP 1237 站位底栖有孔虫 $\delta^{13}C$
记录（Holbourn et al.，2007）对比

不包含冰盖变化。13.5 Ma 以后的模拟结果也不再进行讨论。冰盖变
化对大洋碳循环的影响将在下一章中进行详细讨论。

综合强迫实验中，$\delta^{13}C_{bottom}$ 与风化强迫实验结果具有很强的相似性,有机碳埋藏量与营养盐输入强迫实验相似,说明河流输入的 DIC 和 ALK 是影响 $\delta^{13}C$ 变化的最重要因素,而与之同步的磷酸盐输入主要控制了生产力和有机碳埋藏的变化。

在综合强迫实验中 $\delta^{13}C_{bottom}$ 与偏心率在 40 万年周期上成反相位关系,偏心率与有机碳、碳酸盐埋藏相位相同,即表层(图 3 - 4e)和底层(图 3 - 4d)水 $\delta^{13}C$ 的最大值对应偏心率(图 3 - 4h)、有机碳埋藏(图 3 - 4a)和碳酸盐埋藏(图 3 - 4b)的最小值。但碳酸盐与有机碳埋藏存在约100 kyrs的相位差,可能是由于模型中有机碳埋藏比例固定为生产力的 1%,而碳酸盐沉积随底层水碳酸根浓度变化所致。

$\delta^{13}C_{bottom}$ 与 $FCaCO_3$(图 3 - 4c)的反相位关系与 Cramer et al. (2003)结果一致,说明无机碳埋藏相对有机碳埋藏增加(减小)会导致 $\delta^{13}C$ 变轻(变重)。无机碳与有机碳埋藏比例是控制海水 $\delta^{13}C$ 的主要因素。风化输入强迫实验中,表层(图 3 - 2e)和底层(图 3 - 2d)水 $\delta^{13}C$ 一致变化,说明碳酸盐沉积对 $\delta^{13}C$ 的影响是同时作用于整个大洋表层水和深层水体的。河流输入 ALK 增加会使底层水$[CO_3^{=}]$增加,$CaCO_3$ 沉积会相应增加来补偿河流的输入,以保证海洋 ALK 的基本稳定。富含^{13}C 的 $CaCO_3$ 沉积增加造成了整个大洋海水 $\delta^{13}C$ 变轻。在营养盐输入强迫实验中,表层 $\delta^{13}C$(图 3 - 3e)领先底层 $\delta^{13}C$(图 3 - 3d)约 100 kyrs,可能也是由于模型固定有机碳埋藏比例的原因。生产力增加时浮游植物优先吸收^{12}C 合成 POC 使表层水 $\delta^{13}C$ 变重,而有机碳在深层水中再矿化则会使深层水 $\delta^{13}C$ 变轻。由于固定了有机碳埋藏比例,生产力提高时,在底层水中再矿化的有机碳也会增加,而有机碳埋藏增加则会使平均大洋海水 $\delta^{13}C$ 变重,这两种因素叠加造成了表层水和底层水 $\delta^{13}C$ 相位的不一致。在地质记录中,浮游有孔虫 $\delta^{13}C$ 变化与底栖有孔虫 $\delta^{13}C$ 是一致变化的,并不存在明显的相位差(e. g. Woodruff and Savin, 1991; Zhao et al. , 2001),说明了大洋碳储库的整体变化。风化

强迫实验中表层和底层水 $\delta^{13}C$ 模拟结果相位一致说明河流输入的 DIC
和 ALK 是控制大洋碳储库变化(包括 $CaCO_3$ 和 $\delta^{13}C$)的主要因素。河
流营养盐输入不能使表层水和底层水 $\delta^{13}C$ 同步变化(图 3 - 7b),而且营养
盐输入强迫实验 $\delta^{13}C$ 模拟结果与地质记录存在明显相位差(图 3 - 6),因
此河流营养输入并不能解释 MCO 时期 $\delta^{13}C$ 的变化。尽管如此,营养盐
输入强迫实验结果还不能完全否定 MCO 时期 $\delta^{13}C$ 的 40 万年周期变化
是由于生产力变化的观点,生产力变化引起表层水和底层水 $\delta^{13}C$ 一致

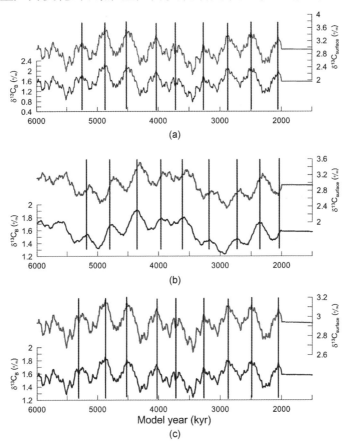

图 3 - 7　表层水 $\delta^{13}C$(红色)与底层水 $\delta^{13}C$(蓝色)模拟结果对比

(a) 风化输入强迫实验;(b) 营养盐输入强迫实验;(c) 海洋环流强迫实验,Q3＝8×
(1－0.3×ETP)。黑色垂线对应底层水 $\delta^{13}C$ 最大值

变化的可能性仍然存在。利用 ETP 参数驱动洋流和上升流的变化 [Q3=8×(1－0.3×ETP)]同样可以产生类似河流风化输入强迫实验的结果。假设偏心率高值期时,南大洋下沉的深层环流(Q3)减弱,生产力降低,而偏心率低值期时 Q3 增强,生产力升高。表层水和底层水$\delta^{13}C$模拟结果并不存在明显相位差(图 3-7c)。但是目前关于 MCO 时期洋流的 40 万年周期变化的直接证据还很缺乏。

3.4.3 中新世暖期碳酸盐岩沉积

太平洋、大西洋、印度洋以及南大洋沉积物记录都发现 MCO 时期碳酸盐沉积速率升高(Woodruff and Savin,1991),与全球大洋 $\delta^{13}C$ 正向偏移的长期趋势("蒙特利碳位移")对应(Vincent and Berger,1985)。碳酸盐沉积速率提高可能反映了 MCO 时期较强的化学风化作用。陆源 ALK 输入量增大使海水 ALK 增加,因而碳酸盐埋藏也相应增加。由于碳酸盐沉积本身相对富集^{13}C,碳酸盐埋藏的增加并不能解释海水 $\delta^{13}C$ 在这一时期内的正异常。MCO 时期陆地生物圈内有机碳埋藏(Diester-Haass et al.,2009)或环太平洋带大陆边缘海盆内有机碳埋藏(Vincent and Berger,1985)则可以解释 $\delta^{13}C$ 正向漂移。在 40 万年周期上,地质记录中 $\delta^{13}C$ 的变化也与碳酸盐沉积变化存在对应关系。偏心率位于高值期时,碳酸盐溶解加强,$\delta^{13}C$ 变轻。偏心率位于低值期时,碳酸盐保存条件变好,$\delta^{13}C$ 变重(Flower and Kennett,1994;Holbourn et al.,2007)。深海碳酸盐保存状况可能反映了底层水溶解性质的变化。在偏心率高值期时,南大洋来源的底层水通风性减弱,海水中碳酸盐饱和度降低,碳酸盐溶解增强。偏心率处于低值期时,底层水通风性增强,海水碳酸盐饱和度增加,碳酸盐沉积也相应增加(Holbourn et al.,2007)。在风化输入强迫实验(图 3-2)和综合强迫实验(图 3-4)中,碳酸盐埋藏的最大值对应着偏心率的高值期,这与地质记录似乎并不一致。偏心率高值期时深海记录中碳酸盐溶解增强是否反映了季风和化学风化减弱呢？ Holbourn et al.（2007）认为偏心率高值期时，受岁差周期控制的太阳辐射量变化幅度也相应增大，辐射量高值期时季风强盛使得浅海碳酸盐岩大量沉积，造成 $\delta^{13}C$ 变轻。在之前的强迫实验中浅水碳酸盐沉积通量都固定为 9×10^{12} mol/a，为了讨论

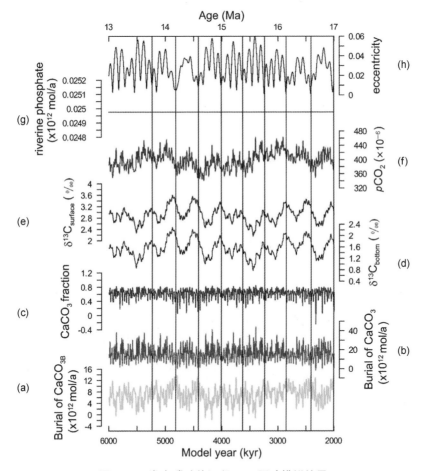

图 3-8　浅水碳酸盐沉积 ETP 驱动模拟结果

（a）深水碳酸盐沉积通量；（b）总碳酸盐沉积通量；（c）沉积物中碳酸盐比例（CaCO$_3$/（CaCO$_3$ + POC））；（d）"B"箱体海水碳同位素；（e）表层箱体（"S"，"E"，"N"）海水平均碳同位素；（f）大气 CO$_2$ 含量；（g）河流输入磷酸盐；（h）地球轨道偏心率（Laskar et al.，2004）。垂线表示偏心率 40 万年周期的最小值。顶部 x 轴表示地质年代，底部 x 轴表示模型从初始时间零开始的运行时间

浅水和深水碳酸盐沉积比例变化对大洋碳储库的影响,在模型中将浅水碳酸盐沉积通量改变为由 ETP 参数驱动: $Carbsh = 9 \times 10^{12} \times (1 + ETP)$ mol/a,而其他外部强迫与风化输入强迫实验一致。新的模拟结果显示偏心率高值期对应深水碳酸盐沉积减少(图 3 - 8a),深水碳酸盐沉积通量与 ETP 参数成反相位关系,而总碳酸盐沉积通量(图 3 - 8b)与 ETP 成正相关系。模拟 $\delta^{13}C$ 与地质记录也能很好对应(图 3 - 9)。振幅、相位与综合强迫实验结果(图 3 - 6b)基本一致,且在 15.7 Ma 时 $\delta^{13}C$ 的低值事件与地质记录对应更好。模型中偏心率高值期时深水碳酸盐沉积减小是由于浅水碳酸盐增加,而碳酸盐总量应与河流输入保持平衡的结果。因此地质记录中碳酸盐溶解对应偏心率高值期,并不一定代表风化输入和季风的减弱。新的模拟结果能与地质记录一致,说明偏心率高值期时,风化输入强,碳酸盐沉积总量也增加,但主

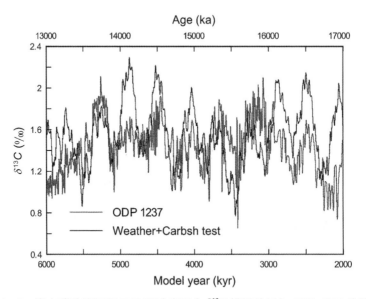

图 3 - 9 浅水碳酸盐沉积 ETP 驱动底层水 $\delta^{13}C$ 模拟结果与 ODP 1237 站位底栖有孔虫 $\delta^{13}C$ 记录(Holbourn et al. , 2007)对比。顶部 x 轴表示地质年代,底部 x 轴表示模型从初始时间零开始的运行时间

要以浅海碳酸盐沉积形式保存。浅海碳酸盐沉积增加还使大气 CO_2 含量增加,使得偏心率高值期时也对应 pCO_2 升高(图 3 - 8f)。CO_2 含量增加可以使温度升高,进一步促进化学风化。模拟结果支持 $\delta^{13}C$ 低值期时海平面低,而 $\delta^{13}C$ 高值期时海平面升高的观点(Flower and Kennett,1994)。

3.4.4 中新世暖期碳同位素重值事件的轨道驱动

氧同位素数据显示南美亚马逊流域 MCO 时期降雨量大,热带雨林发育(Kaandorp et al.,2005),温暖潮湿气候有利于化学风化进行。锶同位素记录(Raymo,1994)显示同一时期亚洲大陆有大量风化物质被搬运到太平洋和印度洋的热带海区(Clift,2006;Wan et al.,2009)。这些证据说明 MCO 时期的风化作用是加强的。在低纬地区,季风是影响风化速率的重要因素(Clift and Plumb,2008)。季风在轨道尺度上变化主要受气候岁差调控(Kutzbach,1981;Wang,2009),而气候岁差的变幅又受偏心率控制。那么偏心率高值期时气候岁差振幅变大,季风区的干、湿变化幅度也会变大(Ruddiman,2001)。大幅度的干、湿变化有利于物理风化和化学风化的交替进行并促进 DIC,ALK 和营养盐向海洋输入。相反,当偏心率处于低值期时,气候系统可能处于大干旱期(Hovan and Rea,1992),化学风化难以进行。ODP 1143 站位上新世 5 Ma 以来 XRF 岩芯扫描结果显示了指示化学风化强度的 K/Al 指标在 40 万年周期上与偏心率基本同步变化(图 3 - 10,Tian et al.,未发表),说明偏心率高值期时化学风化是加强的。如果季风主导的低纬气候系统在中新世已经形成(e.g. Guo et al.,2008),MCO 时期强化学风化应对应偏心率高值期,大洋碳储库变化也因此受偏心率的调控。MCO 时期富含有机质沉积层在地中海(Kidd et al.,1978)和东太平洋(Vincent and Berger,1985)的广泛发现,以及大洋 $\delta^{13}C$ 的重值事件

（Woodruff and Savin，1991；Holbourn et al.，2007）都可以解释为是
MCO 时期河流向海洋风化和营养盐输入增加的结果。从模拟结果可
以看出 ETP 是驱动大洋碳储库及其 40 万年周期的外部强迫。风化
引起河流输入 DIC 和 ALK 输入的周期性变化以及碳酸盐沉积通量变
化是造成大洋 $\delta^{13}C$ 40 万年周期的最重要内部反馈机制，与风化 DIC
和 ALK 输入同步的营养盐输入在控制生产力和有机碳埋藏中起了重
要作用。模拟实验所使用的外部驱动 ETP 参数只是一种合成数据，
虽然包含了偏心率，斜率和岁差成分，但还缺乏实际的物理意义。风
化过程与 ETP 的物理联系仍需进一步研究。其中一种可能是季风或
者温度对太阳辐射量截断（truncation）响应。例如以岁差周期为主的
太阳辐射量如果截取平均值以上部分就会显示出很强的 40 万年周期
（Clemens and Tiedemann，1997）。Short et al.（1991）利用能量平衡模
型模拟赤道地区的最高温度，在截掉热带太阳辐射量的低值部分后，模
拟结果显示 40 万年和 10 万年周期都明显加强。如果季风系统也是对
太阳辐射量高值部分响应的话，岁差周期成分也能传递到偏心率周期，
使 40 万年周期加强。

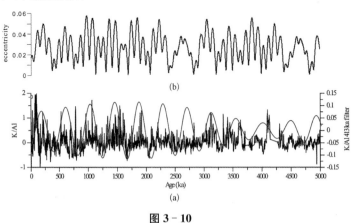

图 3 - 10

（a）ODP 1143 站位 XRF 岩芯扫描 K/Al 比值减去长期趋势（黑色）及其 40 万年滤
波（蓝色）（Tian et al. 未发表）；（b）地球轨道偏心率（Laskar et al.，2004）

3.5　本章小结

本章利用 7 个箱体的箱式模型模拟了 MCO 时期深海底栖有孔虫 $\delta^{13}C$ 记录中广泛发现的 40 万年周期。在轨道参数 ETP 驱动下分别改变：① 河流输入 DIC 和 ALK；② 河流输入 PO_4^{3-}；③ 河流输入的 DIC、ALK 和 PO_4^{3-} 来研究大洋碳循环在无冰盖条件下对低纬热带过程的响应。模拟 $\delta^{13}C$ 结果显示了强烈的 40 万年周期。40 万年周期成因大洋碳储库>10 万年长滞留时间的低通滤波效应有关。

河流输入的 DIC 和 ALK 是控制 $\delta^{13}C$ 变化的主要因素。偏心率处于高值期时，DIC 和 ALK 输入增加，造成大洋整体碳酸盐埋藏增加，表层和底层水 $\delta^{13}C$ 同时变轻，而与之同步的 PO_4^{3-} 输入促进了表层生产力和有机碳埋藏增加。$\delta^{13}C$ 变化主要受无机碳与有机碳埋藏比例控制。无机碳相对有机碳埋藏增加（减少）时，$\delta^{13}C$ 变轻（变重）。

ETP 是驱动大洋碳储库及其 40 万年周期的外部强迫。偏心率高值期时，季风的变化幅度大，物理和化学风化增强，碳酸盐沉积总量也增加，但主要以浅海碳酸盐沉积形式保存。

第4章

更新世 1 Ma 以来大洋碳储库模拟

4.1 概　　述

1 Ma 以来,冰盖体积(底栖有孔虫 $\delta^{18}O$)的冰期—间冰期旋回由 4 万年转变为 10 万年,成为中更新世气候变化的最显著特点。这一周期变化的原因也一直是古气候研究中的热点话题。冰盖变化的 10 万年周期与地球偏心率短周期相对应,并且两者在相位上也表现出一致性,因此冰期—间冰期旋回的 10 万年周期被认为是气候系统对偏心率驱动的响应(Hays et al.,1976)。但是由于 65°N 夏季太阳辐射量并不具有明显的 10 万年周期,用 Milankovitch 理论并不能解释冰盖变化的这一周期。10 万年周期成因也成为古气候研究中的难题。前人提出 10 万年周期反映了冰盖对太阳辐射量的非线性响应(Imbrie and Imbrie,1980;Imbrie et al.,1993;Paillard,1998;Clemens and Tiedemann,1997),但偏心率直接驱动冰盖 10 万年周期变化的观点依然存在很大争论(Gildor and Tziperman,2000;Lisiecki,2010b)。除"10 万年难题"之外,1.2 Ma 以来的 $\delta^{18}O$ 记录与之前的记录相比还缺少 40 万年周期(Clemens and Tiedemann,1997),这一现象也被称为古气候变化的"40

万年难题"(Imbrie and Imbrie，1980)。与 $\delta^{18}O$ 不同，1 Ma 以来全球大洋的 $\delta^{13}C$ 记录还保留着与偏心率长周期相关的周期成分，但大多都拉长到 50 万年，只有地中海还保留有较好的 40 万年周期(Wang et al.，2003，2004；Wang et al.，2010)。周期拉长之后，$\delta^{13}C$ 重值($\delta^{13}C_{max}$)不再像渐新世和中新世 $\delta^{13}C$ 记录一样与偏心率长周期低值对应(图1-2)，而且类似渐新世和中新世时期 $\delta^{13}C$ 与 $\delta^{18}O$ 的同步变化关系(Wade and Pälike，2004；Holbourn et al.，2007)也不存在。在更新世记录中 $\delta^{13}C_{max}$ 领先冰盖的大规模扩张(Wang et al.，2003)。与之类似的情况在13.9 Ma东南极冰盖扩张时也曾发生(Holbourn et al.，2007)，说明冰盖体积急剧变化时，大洋碳储库原有的变化周期会被打乱。

前一章的数值模拟结果表明 40 万年周期可能与季风风化的热带过程有关。当冰盖体积增大到一定程度，气候系统进入 10 万年周期的冰期—间冰期旋回后，热带过程是否会受高纬过程的影响？为了回答这一问题，在第 3 章无冰盖模型的基础上，本章在模型中加入了陆地冰盖和海冰等因素。数值模拟结果表明北半球冰盖在海冰触发下可以具有非对称形态的冰期—间冰期旋回，冰盖变化造成大洋环流的改变可以使大洋碳储库的 40 万年周期明显减弱。

4.2　模　型　描　述

Gildor and Tziperman (2000，2001)使用简单的 8 箱模型成功模拟了冰盖的 10 万年周期变化，并且具有明显的非对称"锯齿型"形态。模型将低纬和高纬海区作为冰盖的两大水汽来源，当海冰不发育时，水汽供应充足，冰盖累积速率大于融化速率，冰盖体积不断增长。当冰盖面积增加到某一临界值时，由于冰盖的反射率高，大量太阳辐射被反射，高纬海区的海表温度将低于冰点,海冰大规模发育阻断了冰盖的一大水汽来源,冰盖累积速率将小于融化速率,冰盖体积就会迅速减小。随着冰盖面积减小,反射的太阳辐射也减少,海冰也随之迅速融化。海冰融化后,高纬海区可以重新向冰盖输送水汽,冰盖体积因此再次扩张。整个过程可以在只有太阳辐射季节性变化驱动下完成,并不需要轨道参数变化的驱动。冰盖变化的 10 万年周期也因此被认为是地球系统的内部反馈过程,而轨道驱动主要是控制着海冰面积变化发生的时间,使冰盖变化在相位上与轨道参数一致(Gildor and Tziperman,2000)。Gildor and Tziperman (2000,2001)的模拟结果虽然能够成功地拟合 $\delta^{18}O$ 记录,但还不能说明真实的物理机制就确实如此。模拟结果与地质记录相似的原因是由于与轨道参数非线性相位锁定的结果,即输出周期性信号与输入周期性参考信号频率相对应(频率同步或为整数倍关系),而相位差保持恒定的过程(Tziperman et al.,2006)。本章将海冰和冰盖变化的计算方法移植到新的箱式模型中,目的是为了讨论冰盖变化引起洋流改变后能否影响热带过程的 40 万年周期。

  本章模型与 Gildor and Tziperman(2000,2001)模型的主要区别是在箱体划分上,继承了第 3 章模型的方案,仍将海洋划分为表层水、中层水和底层水 3 层。相比 Gildor and Tziperman(2000,2001)的 2 层模型,大洋环流的特点与实际情况更加接近,并且本章模型中还包括了河流风化输入和碳酸盐沉积,便于讨论热带过程与冰盖的相互作用。模型中海洋箱体仍划分为 6 个箱体,但每个海洋箱体还对应一部分陆地面积,高纬陆地部分还加入了冰盖模型,而高纬海洋加入了海冰模型,洋流格局也做了一定修改。大气圈修改为 3 个箱体与海洋表层箱体对应,每个箱体内加入了简单的大气模型。海洋的生物地球化学过程与第 3 章模型基本一致,仅做少量修改(图 3-1b)。图 4-1 是本章所用箱式模型的示意图。3 个表层箱体("S","E"和"N")都由海洋和陆地两部分组成。每个箱体沿经线方向的长度为 Li,其中,i 代表各个箱体,各箱体宽度都为 W。海洋和陆地部分的长度都为 Li,各自的面积根据陆地宽度占总宽度 W 的比例(fli)计算,则陆地面积为 $Li \times fli \times W$,海洋面积为 $Li \times (1-fli) \times W$。陆地冰盖和海冰的宽度分别与陆地和海洋的宽度相同,面积根据冰盖和海冰模型中的公式计算。模型所用参数在表 4-1 中列出。下面将具体介绍根据 Gildor and Tziperman (2000,2001)的方法建立的海洋和海冰模型、大气模型和冰盖模型。

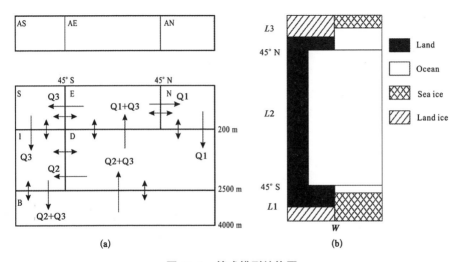

图 4-1　箱式模型结构图

(a) 箱体经向横截面图,其中双向箭头表示箱体之间水体混合,单向箭头表示大洋环流,海洋箱体划分和洋流格局与图 3-1a 一致。大气圈从南至北划分为 AS,AE,AN 三个箱体。生物地球化学过程与图 3-1b 一致;(b) 表层箱体俯视图,每个箱体由海洋,陆地,海冰和陆地冰盖等部分组成

表 4-1　箱式模型参数表

符　号	描　述	单　位	数　值
海　洋　模　型			
$L1, L2, L3$	箱体长度	10^6 m	4.15, 20, 4.15
W	箱体宽度	10^6 m	18

符　号	描　述	单　位	数　值
海 洋 模 型			
fl_N，fl_E，fl_N	陆地所占比例		0.5，0.25，0.5
$\lambda1$，…，$\lambda5$	流量参数	10^6	6.6，5.1，1.2，4.2，1.0
K_{v1}，…，K_{v5}	垂向扩散系数	m^2/s	2.6×10^{-3}，6.5×10^{-5}，2.2×10^{-3}，2.4×10^{-3}，6.1×10^{-5}
K_{v1}，…，K_{h3}	横向扩散系数	m^2/s	2.5×10^3
$lengthv_1$，…，$lengthv_5$	垂向长度系数	m	1 500，1 500，1 500，1 900，1 900
$lengthh_1$，…，$lengthh_3$	横向向长度系数	10^6 m	17，16，18
$upper$	表层箱体间横截面积	m^2	2×10^9
$lower$	下层箱体间横截面积	m^2	2.8×10^{10}
ρ_0	海水参考密度	kg/m^3	1 028
S_0	海水参考盐度		35
D	表层箱体水深	m	200
τ	热量散失的阻尼系数	s	4.65×10^7
C_{pw}	海水热容	J·K/kg	4 180
海 冰 模 型			
$D_{sea\text{-}ice}$	海冰初始厚度	m	1.5（箱体"S"），3（箱体"N"）
$\tau_{sea\text{-}ice}$	海冰阻尼系数	s	2.6×10^6
γ	海冰热阻隔系数	m	0.05
$\rho_{sea\text{-}ice}$	海冰密度	kg/m^3	917
$T^{sea\text{-}ice}$	海水结冰温度	℃	-2
L_f	海水融化潜热	J/kg	3.34×10^5

续　表

符　号	描　述	单　位	数　值
大 气 模 型			
α_{land}	陆地反射系数		0.2
$\alpha_{land\text{-}ice}$	冰盖反射系数		0.9
α_{sea}	海水反射系数		0.07
$\alpha_{sea\text{-}ice}$	海冰反射系数		0.65
α_{cloud}	云层反射系数		0.3
P_{lw0S}, $\cdots$, P_{lw0N}	长波辐射系数		0.61, 0.52, 0.67
σ	Stephan-Boltzmann 常数		5.67×10^{-8}
κ	常系数		0.03
pCO_{20}	大气 CO_2 参考值	$\times 10^{-6}$	280
K_{θ}	大气扩散系数	$1/(s \cdot K^2)$	1.5×10^{20}
K_{Mq}	经向水汽扩散系数	$m^4/(s \cdot K)$	2.4×10^{13}
K_q	高纬箱体内的水汽扩散系数	m^3/s	6.5×10^8
R	气体常数	$J/(kg \cdot K)$	287.04
C_{pw}	定压比热	$J/(kg \cdot K)$	1 004
g	重力加速度	m/s^2	9.8
P_0	参考大气压力	mbar①	1 000
A	湿度计算常数	Pa	2.53×10^{11}
B	湿度计算常数	K	5.42×10^3
生 物 地 球 化 学 模 型			
h	半饱和常数	mol/m^3	2×10^{-5}
r	常系数		1.2×10^{-8}, 1.0×10^{-7}, 2.0×10^{-8}

① 1 mbar＝100 Pa.

4.2.1　海洋与海冰模型

在第 3 章中已经说明 Q1 和 Q2 + Q3 分别代表北大西洋深层水（NADW）和南极底层水（AABW），各自流量是固定不变的（表 3 - 1）。本章模型中为了讨论洋流对大洋碳储库的影响，大洋环流的大小由箱体之间的密度差决定（Lane et al.，2006）：

$$Q1 = \lambda 1(\rho_N - \rho_E) \tag{4-1}$$

$$Q2 = \lambda 2(\rho_I - \rho_D) + \lambda 3(\rho_S - \rho_E) \tag{4-2}$$

$$Q3 = \lambda 4(\rho_I - \rho_D) + \lambda 5(\rho_S - \rho_E) \tag{4-3}$$

式中，λ_i 为给定的常数，ρ_i 为各箱体中海水密度，根据 UNESCO（1981）推荐公式，由温度和盐度计算得到。箱体间水体交换根据垂向和横向扩散系数 K_v，K_h 计算。当层结（stratification）不稳定即上层水体密度大于下层时，模型设定垂向的海水交换速率为正常情况的 3 倍。正常稳定层结情况下，水体交换的计算公式为

$$f_{SI} = K_{v1} \times Oarea_1 / lengthv_1 \tag{4-4}$$

$$f_{ED} = K_{v2} \times Oarea_2 / lengthv_2 \tag{4-5}$$

$$f_{ND} = K_{v3} \times Oarea_3 / lengthv_3 \tag{4-6}$$

$$f_{IB} = K_{v4} \times Oarea_1 / lengthv_4 \tag{4-7}$$

$$f_{DB} = K_{v5} \times (Oarea_2 + Oarea_3) / lengthv_5 \tag{4-8}$$

$$f_{SE} = K_{h1} \times upper / lengthh_1 \tag{4-9}$$

$$f_{EN} = K_{h2} \times upper / lengthh_2 \tag{4-10}$$

$$f_{ID} = K_{h3} \times lower / lengthh_3 \tag{4-11}$$

式中，f_{ij} 代表箱体间水体交换的流量，与第 3 章中模型一致（图 3-1，表 3-1）。$Oarea_i$ 代表表层箱体"S"，"E"和"N"的海洋面积。$lengthv_i$，$lengthh_i$，$upper$，$lower$ 为给定常数（表 4-1）。

除洋流和混合作用与第 3 章不同外，海水温度和盐度计算也有重要变化。第 3 章模型中，表层海水温度和盐度都是固定不变的，而在本章模型中海水温度和盐度则根据更真实的物理控制方程计算：

$$T_t = (vT)_y + (wT)_z + K_h T_y + K_v T_z + Q_T^{atm} + Q_T^{sea\text{-}ice} \tag{4-12}$$

$$S_t = (vS)_y + (wS)_z + K_h S_y + K_v S_z + Q_S^{atm} + Q_S^{sea\text{-}ice} + Q_S^{land\text{-}ice} \tag{4-13}$$

式中，(y, z) 和 (v, w) 分别表示水平（南北）方向和垂直（深度）方向的坐标和位移速度。T_t 和 S_t 分别代表温度、盐度随时间的变化。$(vT)_y + (wT)_z$ 和 $(vS)_y + (wS)_z$ 代表大洋环流（Q1，Q2，Q3）对温度、盐度的影响。$K_h T_y + K_v T_z$ 和 $K_h S_y + K_v S_z$ 表示海水水平和垂向混合作用对温度、盐度的影响。Q_T^{atm} 表示大气对海洋的热通量，包括了感热、潜热和热辐射。$Q_T^{sea\text{-}ice}$ 表示海冰形成（融化）过程中放热（吸热）作用。Q_S^{atm} 表示大气降水（蒸发）对盐度的作用，$Q_S^{sea\text{-}ice}$，$Q_S^{land\text{-}ice}$ 表示海冰和陆地冰盖形成（融化）对盐度的作用。Q_T^{atm} 的计算公式为

$$Q_T^{atm} = \frac{\rho_0 C_{pw} D}{\tau}(\theta - T)\left\{ f_{ow} + f_{si}\frac{\gamma}{D_{sea\text{-}ice}} \right\} \tag{4-14}$$

式中，ρ_0 为海水参考密度，C_{pw} 海水的热容值，D 为表层箱体的水深，θ 为大气位温。f_{ow} 表示海洋开放水体所占比例，f_{si} 表示海冰面积所占比

例,其中 $f_{si} = 1 - f_{ow}$。γ 表示海冰对热量散失的阻隔效应。τ 为热量散失的阻尼系数。

大气淡水通量对盐度的影响 Q_S^{atm} 计算公式为

$$Q_S^{atm} = -(P - E)S_0 \qquad (4 - 15)$$

式中,$P - E$ 为净淡水通量(降水量减去蒸发量),S_0 为海水盐度参考值。$P - E$ 的计算公式将在大气模型中介绍。

当南北高纬箱体的海水温度低于某一临界温度 $T^{sea-ice}$ 时,海冰就会开始形成。海冰形成过程中放出热量的计算公式为

$$Q_T^{sea-ice} = \frac{\rho_0 C_{pw} V_{ocean}}{\tau_{sea-ice}}(T^{sea-ice} - T) \qquad (4 - 16)$$

式中,V_{ocean} 为箱体的海水体积,$\tau_{sea-ice}$ 为海冰形成时的阻尼系数。当海水温度高于 $T^{sea-ice}$ 并且海冰仍然存在时,海冰融化可以吸收热量,使海水温度维持在 $T^{sea-ice}$ 附近。当海冰完全融化后,式 4 - 16 则不再适用。海冰吸收/释放的热量可以转换为海冰的体积变化:

$$\frac{dV_{sea-ice}}{dt} = \frac{Q_T^{sea-ice}}{\rho_{sea-ice}L_f} + P_{on-ice} \qquad (4 - 17)$$

式中,$V_{sea-ice}$ 为海冰体积,$\rho_{sea-ice}$ 为海冰密度,L_f 为海冰的融化潜热,P_{on-ice} 表示在已覆盖海冰海区上的降水直接转化为海冰,使其体积增加。海冰的面积根据体积和厚度计算,当海冰没有覆盖全部海面时,"S"和"N"箱体的海冰厚度分别固定为 1.5 m 和 3 m。而当海冰完全覆盖海面后,海冰的厚度才会增加。海冰形成或融化时会析出盐分或释放淡水,引起的盐度变化为

$$Q_S^{sea-ice} = \frac{Q_T^{sea-ice}}{\rho_{sea-ice}L_f}S_0 \qquad (4 - 18)$$

与海冰变化类似,陆地冰盖变化引起的盐度变化为

$$Q_S^{\text{land-ice}} = \frac{\text{d}V_{\text{land-ice}}}{\text{d}t}S_0 \qquad (4-19)$$

4.2.2　大气模型

三个大气箱体"AS","AE"和"AN"的位温根据能量平衡理论计算得到。每个箱体的能量收支包括短波太阳辐射、长波反射、海气能量交换和经向大气环流热量交换。大气位温 θ 的表达式为

$$\frac{\partial \theta}{\partial t} = \frac{2^{R/C_p}g}{P_0 C_p} * \left[(F_{\text{Top}} - F_{\text{Surface}}) + (F_{\text{merid}}^{\text{in}} - F_{\text{merid}}^{\text{out}}) \right] \qquad (4-20)$$

式中,R 为气体常数,C_p 为定压比热容,g 为重力加速度,P_0 为参考压力。F_{top} 表示从大气层顶部进入大气圈的热通量,F_{surface} 表示从大气圈底部流出的热通量。在模型中,不考虑陆地和冰盖表面与大气间的热通量,F_{surface} 只与海洋与大气的热通量有关,因此,$F_{\text{surface}} = Q_T^{\text{atm}}$。$F_{\text{merid}}^{\text{in}} - F_{\text{merid}}^{\text{out}}$ 表示箱体间经向的热通量。

F_{top} 由被大气层吸收的短波辐射 H_{in} 和向外太空的长波辐射 H_{out} 两部分组成:

$$F_{\text{top}} = H_{\text{in}} - H_{\text{out}} \qquad (4-21)$$

$$H_{\text{in}} = (1 - \alpha_{\text{surface}})(1 - \alpha_{\text{cloud}})I_{\text{daily}} \qquad (4-22)$$

$$H_{\text{out}} = P_{\text{lw}}\sigma\theta^4 \qquad (4-23)$$

$$\alpha_{\text{surface}} = f_l \times (1 - f_i) \times \alpha_{\text{Land}} + f_l \times f_i \times \alpha_{\text{Land-ice}} +$$
$$f_0 \times f_{\text{si}} \times \alpha_{\text{sea-ice}} + f_0 \times (1 - f_{\text{si}}) \times \alpha_{\text{ocean}} \qquad (4-24)$$

$$P_{lw} = P_{lw0} - \kappa \ln \frac{pCO_2}{pCO_{20}} \qquad (4-25)$$

式(4-21)—式(4-25)中,$\alpha_{surface}$ 和 α_{cloud} 为地表和云层的短波辐射反射系数,P_{lw} 为长波辐射系数,σ 为 Stephan-Boltzmann 常数。$\alpha_{surface}$ 与地表陆地、冰盖、海冰和海洋的反射系数有关,而 P_{lw} 与大气 CO_2 含量有关,当模型中不考虑 CO_2 变化时,$P_{lw} = P_{lw0}$。I_{daily} 为每个箱体内的日平均太阳辐射量,根据 Berger(1978)给出的公式进行计算。在模型中,I_{daily} 计算分为不考虑轨道参数变化而只有季节性变化和考虑轨道参数变化两种情况。

经向热通量 $F_{merid}^{in} - F_{merid}^{out}$ 与箱体间的温度差有关,具体表达形式为

$$F_{merid}^{in} - F_{merid}^{out} = K_\theta \nabla \theta \qquad (4-26)$$

式中,K_θ 为扩散系数,则"AE"向"AS","AE"向"AN"的经向热通量 $F_{meridES}$,$F_{meridEN}$ 分别可以表示为

$$F_{meridES} = K_\theta \frac{(\theta_{AE} - \theta_{AS})}{0.5(L1+L2)}$$

$$F_{meridEN} = K_\theta \frac{(\theta_{AE} - \theta_{AN})}{0.5(L2+L3)}$$

根据式(4-20)—式(4-26)可以求取大气位温随时间的变化。

各箱体间的经向水汽通量与位温和湿度有关,具体表达形式为

$$F_{Mq} = K_{Mq} | \nabla \theta | q \qquad (4-27)$$

式中,F_{Mq} 表示经向的水汽输送,K_{Mq} 为扩散系数,q 为湿度。模型中相对湿度设定为 0.7,则 $q = 0.7q_s$,q_s 为饱和湿度。q_s 的计算公式为

$$q_s = Ae^{B/\theta}$$

箱体"AE"向"AS","AE"向"AN"的经向水汽通量 F_{MqES}，F_{MqEN} 分别可以表示为

$$F_{MqES} = K_{Mq} \frac{\theta_{AE} - \theta_{AS}}{0.5(L1 + L2)} q_{AE}$$

$$F_{MqEN} = K_{Mq} \frac{\theta_{AE} - \theta_{AN}}{0.5(L2 + L3)} q_{AE}$$

式中，q_{AE} 为箱体"AE"的湿度。

除经向水汽输送外，2 个高纬箱体"S"和"N"中没有被海冰覆盖的区域也能向高纬陆地输送水汽，其通量 F_q 计算公式为

$$F_q = K_q f_{ow} q \tag{4-28}$$

式中，K_q 为扩散系数。由于高纬箱体蒸发的水汽通量只能用于增加本箱体内的海冰和冰盖体积，剩余的水汽通量会通过河流重新回到海洋，因此每个表层海洋箱体内的净淡水通量可以表示为

$$(P-E)_S = F_{MeridES} - \Delta V_{land-iceS} - \Delta V_{sea-iceS}$$
$$(P-E)_E = -(F_{MeridES} + F_{MeridEN})$$
$$(P-E)_N = F_{MeridEN} - \Delta V_{land-iceN} - \Delta V_{sea-iceN}$$

式中，$\Delta V_{land-ice}$ 和 $\Delta V_{sea-ice}$ 分别代表各箱体内冰盖和海冰体积的变化。

4.2.3　冰盖模型

冰盖体积变化的速率取决于其累积速率与融化速率的差值。根据质量平衡方程，冰盖体积变化速率的表达式为

$$\frac{\mathrm{d}V_{\text{land-ice}}}{\mathrm{d}t} = LI_{\text{source}} - LI_{\text{sink}} \qquad (4-29)$$

式中，LI_{source}表示冰盖体积累积速率，LI_{sink}表示冰盖的融化速率。在模型中，高纬箱体"S"和"N"中的降水量按面积均匀分配，冰盖覆盖区域内的降水直接转变为新的冰盖体积，而陆地上的降水则通过河流流入海洋。由于模型中不考虑冰盖宽度的变化，冰盖宽度与陆地宽度一致，冰盖的覆盖面积由其长度控制。模型不考虑南极冰盖的变化，箱体"S"中冰盖的面积的比例固定为 0.5。箱体"N"中冰盖经向长度 $ILen_N$ 与冰盖体积 $V_{\text{land-ice}N}$ 的关系为

$$ILen_N = \left[\frac{V_{\text{land-ice}N}}{2 \times fl_N \times W \times \sqrt{10}} \right]^{2/3} \qquad (4-30)$$

箱体"N"中冰盖体积累积速率为

$$LI_{\text{source}N} = \max\left(0.25, \frac{ILenN}{L3} \right) \times fl_N \times \frac{\rho_{\text{w}}}{\rho_{\text{land-ice}}} \times (P-E)_N$$

$$(4-31)$$

式(4-30)—式(4-31)中 W 为箱体"N"的宽度，$L3$ 为箱体"N"的长度，fl_N 为陆地所占比例，ρ_{w} 和 $\rho_{\text{land-ice}}$ 分别为淡水和冰盖的密度。冰盖融化速率 LI_{sink} 的取值分为两种情况：① 固定常数；② 受太阳辐射量控制。模拟结果表明两种情况下冰盖对海冰面积的响应没有本质区别，但太阳辐射量控制 LI_{sink} 使得冰盖变化在相位上与轨道参数一致，并且能与地质记录很好对应。

4.2.4　生物地球化学模型

本章模型的生物地球化学过程与第 3 章基本一致(图 3-1b)，但输

出生产力和沉积雨比例(rain ratio)计算与第 3 章有所差别。第 3 章中
箱体"S"和"N"的输出生产力固定不变,而箱体"E"的生产力由输入的
PO_4^{3-} 浓度控制。本章所有表层箱体的输出生产力(PP)计算采用
Michaelis-Menten 型反馈机制(Gildor et al.,2002):

$$PP = r \times I_{daily} \times [PO_4^{3-}] \frac{[PO_4^{3-}]}{h + [PO_4^{3-}]} \times A_{openwater}$$

$$A_{openwater} = L \times W \times (1 - fl) \times (1 - f_{si})$$

式中,$[PO_4^{3-}]$ 表示各箱体的 PO_4^{3-} 浓度,h 为半饱和常数,$A_{openwater}$ 为箱体
内未被海冰覆盖的海水面积。r 为常数,用于调整微量营养元素(如铁肥)
对生产力的限制作用,因此每个箱体的 r 参数取值不同。第 3 章中 rain
ratio 固定为 0.1,而本章模型中 rain ratio 由表层海水温度 T 控制:

$$rain\ ratio = \frac{53e^{0.1(T-10)}}{(1 + e^{0.1(T-10)})rcp_{org}}$$

式中,rcp_{org} 为光合作用形成有机碳时碳与磷的吸收比例。这一方法计
算得到的 rain ratio 范围为 0.1~0.35,符合现代观测结果(Sarmiento
et al.,2002)。

4.3　模　拟　结　果

　　模拟实验时系统被分为封闭系统和开放系统两种情况。封闭系统
是指模型中外部输入(河流风化输入 DIC)与系统输出的物质(POC 与
CaCO₃ 沉积)始终保持平衡,海洋—大气系统的碳储库总量始终保持不
变,碳循环通过 DIC 和 ALK 在系统内的再分配来实现。在开放系统中

DIC 的输入与输出可以出现短暂的不平衡。系统可以通过碳酸盐的沉积和溶解自我调整到平衡状态(Sigman and Boyle,2000)。

在封闭系统实验中不考虑河流输入的 DIC 和 ALK 就可以忽略风化等热带过程的影响,便于讨论冰盖变化对大洋碳储库的作用。开放系统实验中加入了河流风化输入和碳酸盐沉积与溶解过程,便于讨论冰盖和热带过程在碳循环中的相互作用。

4.3.1 封闭系统冰盖与碳循环模拟

在封闭系统模拟中,火山作用、碳酸盐和硅酸盐风化、河流输入、碳酸盐和有机碳沉积都不考虑,因此海洋—大气系统构成了一个完全封闭系统。首先,只考虑太阳辐射量的季节性变化,地球的轨道参数设为 1950 年时的状态,并保持不变,这样太阳辐射量的变化只具有年纪周期而不具有 Milankovitch 轨道周期。冰盖的融化速率设定为 $LI_{sink} = 0.95 \times 10^6 \ \mathrm{m^3/s}$。仅在太阳辐射季节性变化驱动下,冰盖变化却表现出明显的 10 万年周期,并且具有冰盖增长时间长而冰消期短的不对称形态(图 4-2a):冰盖融化(冰消期)的时间约为 20 kyr,冰盖增长的时间约为 80 kyr。在冰消期时,北半球高纬海区的海冰面积由零迅速增大至约 70%。当冰盖体积减少至最小时,海冰面积又迅速全部融化,北半球高纬海区重新变为开放水体(图 4-2b)。图 4-3 显示当海冰面积为零时,冰盖的累积速率高于融化速率,而当海冰面积迅速增加时,融化速率高于累积速率。封闭系统的模拟结果基本与 Gildor and Tziperman (2001)模型结果一致,北半球高纬海冰像开关一样控制着冰消期的触发和结束。冰盖变化的非对称形态是由于冰消期时融化速率大大高于累积速率,冰盖可以迅速融化,而冰期时累积速率只是略高于融化速率,冰盖增长速度较慢。南半球高纬海区海冰面积(图 4-2c)在冰期时缓慢增加,至冰盖体积最大时也达到最大。北半球高纬海冰面积开始增加时,南半球海冰面积发生极其微弱的减小,在整个冰消期基本保持稳定,当北半球高纬海冰迅速融化时,南半球海冰也迅速减小。大气 CO_2 与冰盖体积基本同步变化(图 4 - 2d),冰消期时大气 CO_2 含量也迅速增加,冰消期结束后冰盖体积开始逐渐增大,CO_2 含量也逐渐减少,至冰盖体积最大时,CO_2 含量也达到最低。底层水 $\delta^{13}C$(图 4 - 2e)也显示出明显的 10 万年周期,并且形态与冰盖体积变化成负相关关系:冰盖体积增加时 $\delta^{13}C$ 逐渐

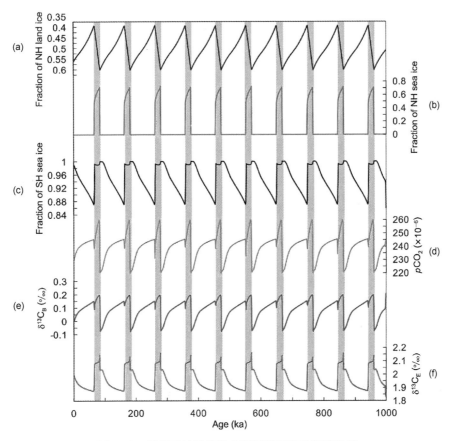

图 4 - 2　封闭系统季节性太阳辐射量驱动模拟结果

(a) 北半球冰盖覆盖面积比例;(b) 北半球海冰覆盖面积比例;(c) 南半球海冰覆盖面积比例;(d) 大气 CO_2 含量;(e) 箱体"B"海水碳同位素;(f) 箱体"E"海水碳同位素。灰色阴影对应北半球海冰面积触发的时间段

降低,而冰消期时δ¹³C迅速升高,与地质记录中δ¹³C和冰盖体积变化关系一致(图4-4)。但表层箱体"E"的δ¹³C与底层水δ¹³C却表现出明显的反相位关系。表层水δ¹³C(图4-2f)在冰期时逐渐升高而在冰消期时降低,说明在封闭系统中大洋碳储库不是整体变化的,碳的再分配不能使表层水和底层水δ¹³C同步变化。而地质记录中浮游有孔虫δ¹³C与底栖有孔虫δ¹³C却是同步变化的(图4-4),模拟结果与实际情况并不符合。

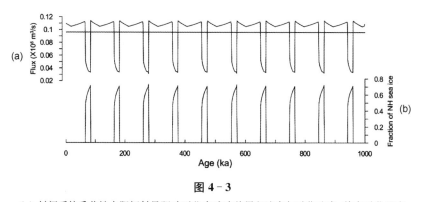

图4-3

(a)封闭系统季节性太阳辐射量驱动下北半球冰盖累积速率与融化速率,其中融化速率固定为$0.095 \times 10^6 \ m^3/a$;(b)北半球海冰覆盖面积比例

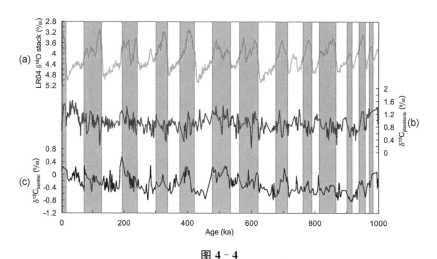

图4-4

ODP 1143站浮游(b)、底栖(c)有孔虫δ¹³C(Wang et al.,2010)与LR04 δ¹⁸O数据(a)(Lisiecki and Raymo,2005)对比。其中灰色阴影对应间冰期

采用 Laskar et al.(2004)计算的天文轨道参数来计算 1 Ma 以来的太阳辐射量变化,使其不仅具有季节性变化而且还具有真实的轨道周期。在其他参数不变的情况下,模拟结果(图 4 - 5)显示北半球冰盖面积与季节性太阳辐射量驱动结果并无明显区别,只是变化幅度有所差别。模拟结果与实际地质记录结果也并不相似,说明仅考虑入射太阳辐射量的变化而没有其他的放大反馈机制还不足以驱动冰盖变化。

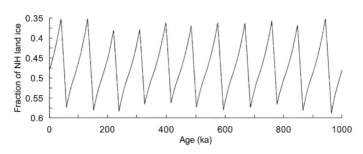

图 4 - 5　封闭系统轨道周期太阳辐射量驱动下北半球冰盖覆盖面积比例

为了使北半球冰盖面积模拟结果能与实际地质记录相匹配,在轨道周期太阳辐射驱动的基础上,再改变北半球冰盖融化速率 LI_{sinkN},使其也受太阳辐射量的控制:

$$LI_{sinkN} = 0.095 + 0.001(I_{daily} - I_{mean}) \qquad (4 - 32)$$

式中,I_{mean} 为 0～1 Ma 箱体"N"6 月份太阳辐射量的平均值。新的模拟结果显示北半球冰盖面积的岁差周期明显加强,冰消期开始的时间和冰盖变化的幅度与 LR04 $\delta^{18}O$(Lisiecki and Raymo,2005)记录具有相似性(图 4 - 6)。模拟结果能与地质记录匹配说明冰盖融化速率对太阳辐射量的响应可能是控制冰盖变化岁差周期的主要因素。此外,北半球海冰面积变化(图 4 - 6c)与固定冰盖融化速率时的海冰变化(图4 - 2b)在

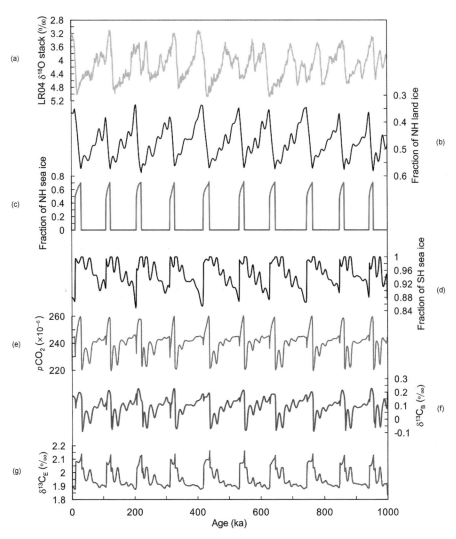

图 4 - 6 封闭系统太阳辐射量驱动冰盖融化速率变化条件下的模拟结果

(a) LR04 δ¹⁸O 合成记录(Lisiecki and Raymo,2005);(b) 北半球冰盖覆盖面积比例;(c) 北半球海冰覆盖面积比例;(d) 南半球海冰覆盖面积比例;(e) 大气 CO_2 含量;(f) 箱体"B"海水碳同位素;(g) 箱体"E"海水碳同位素

模型运行的初始阶段(1 000 ka~700 ka)相位基本一致,随着计算时间的增加,两种驱动条件下的海冰变化相位差逐渐增大(图 4 - 7),说明了轨道参数对冰盖变化的相位控制作用。南半球海冰面积、大气 CO_2 以及 $\delta^{13}C$

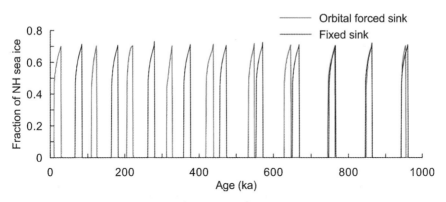

图 4 - 7　固定冰盖融化速率(黑色)和太阳辐射量驱动冰盖融化速率
变化(红色)条件下北半球海冰覆盖面积比例

模拟结果(图 4 - 6d~g)与固定北半球冰盖融化速率时的结果相比,除岁差周期强度和相位有所差别外,冰期—间冰期的 10 万年周期形态基本一致。可见北半球海冰的"开关"机制是控制 10 万年周期的主要因素,轨道参数的驱动主要影响冰盖变化的相位。

4.3.2　开放系统冰盖与碳循环模拟

封闭的海洋—大气系统中,外部输入与输出物质每时每刻都能达到平衡。但实际情况却并非如此,例如碳循环过程中,表层生产力的变化可以引起底层水碳酸根浓度($[CO_3^=]$)的变化,$[CO_3^=]$变化使碳酸盐沉积通量发生改变从而打破了原有的平衡状态。系统会通过调整碳酸盐溶解深度使输入与输出重新达到平衡,而这一过程的时间尺度约为 10 kyrs(Broecker and Peng, 1987; Barker et al., 2006)。真实的海洋—大气系统也应该是一个开放系统。为了能够更准确地描述海洋—大气系统,在开放系统模型中加入了火山作用,碳酸盐、硅酸盐风化,河流输入,碳酸盐、有机碳沉积作用。具体过程与本书第 3 章模型保持一致。首先固定冰盖体积,只考虑 ETP 驱动的河流风化输入 DIC 和 ALK

变化。与第 3 章风化输入强迫实验一样,硅酸盐和碳酸盐风化速率设定为 $fsil = 5.0 \times 10^{12} \times (1 + 0.15 \times ETP)$ mol/a 和 $fcar = 10.7 \times 10^{12} \times (1 + 0.3 \times ETP)$ mol/a。0—2 Ma 模拟结果与第 3 章风化输入强迫实验类似,在没有冰盖作用下,大气 CO_2(图 4 – 8a)、表层水和底层水 $\delta^{13}C$

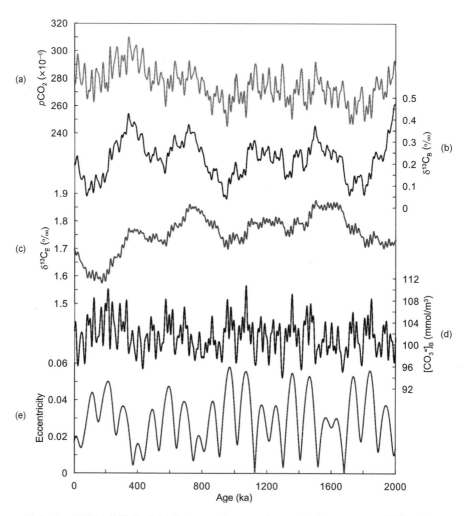

图 4 – 8 固定冰盖体积,河流输入 DIC 和 ALK 在 ETP 驱动下 0～2 Ma 的模拟结果
(a) 大气 CO_2 含量;(b) 箱体"B"的海水 $\delta^{13}C$;(c) 箱体"E"的海水 $\delta^{13}C$;(d) 箱体"B"的碳酸根浓度;(e) 地球偏心率参数(Laskar et al., 2004)

（图4-8b,c）同步变化,且 $\delta^{13}C$ 在 40 万年周期上的最大值对应偏心率（图4-8e）的最小值,而 $\delta^{13}C$ 最小值对应偏心率的最大值。$\delta^{13}C$ 变化主要受碳酸盐沉积量变化控制。底层水 $[CO_3^=]$（图 4-8d）在偏心率高值期时升高,碳酸盐沉积增加使 $\delta^{13}C$ 减小,偏心率低值期时碳酸盐沉积减小使 $\delta^{13}C$ 升高。$\delta^{13}C$ 模拟结果也显示明显的 40 万年周期,表明开放系统中碳具有很长的滞留时间。

在 ETP 驱动风化输入的基础上,再允许冰盖体积变化。与封闭系统模拟一致,太阳辐射量根据轨道参数计算,而冰盖融化速率 LI_{sink} 固定为 0.095×10^6 m^3/a。模拟结果显示北半球冰盖变化（图 4-9a）仍然受海冰面积（图 4-9b）控制。海冰面积开始迅速增加时对应冰消期的开始,而海冰全部融化后冰盖开始逐渐增大。大气 CO_2（图 4-9c）显示较强的 40 万年周期,并且与只有风化输入时的模拟结果相似（图 4-8a）,说明模型中大气 CO_2 主要受风化过程控制。底层水 $\delta^{13}C$（图 4-9d）模拟结果虽仍保留有明显的 40 万年周期并与偏心率呈反向关系,但其强度明显弱于只有风化输入时的模拟结果（图 4-8b）。表层水 $\delta^{13}C$（图 4-9e）则主要受海冰的“开关”机制所控制,海冰面积增加时,表层水 $\delta^{13}C$ 也增加。表层水 $\delta^{13}C$ 的 40 万年周期表现的异常微弱。在只有风化输入模拟中,表层水与底层水 $\delta^{13}C$ 是同步变化的,而加入冰盖体积变化后,两者变化特征明显不同,说明冰盖变化与碳循环是相互作用的。模拟的冰盖体积变化（图 4-9a）与仅有太阳辐射量驱动的模拟结果（图 4-5）相比显示了更明显的 40 万年周期。冰盖体积与大气 CO_2 在 40 万年周期上呈同向关系,说明 ETP 驱动的碳循环变化同样可以引起冰盖的变化。模拟结果显示在 40 万年周期上,大气 CO_2 升高对应冰盖面积增加,这可能是由于 CO_2 增加使海冰融化速度更快,水汽供应更充足的结果。

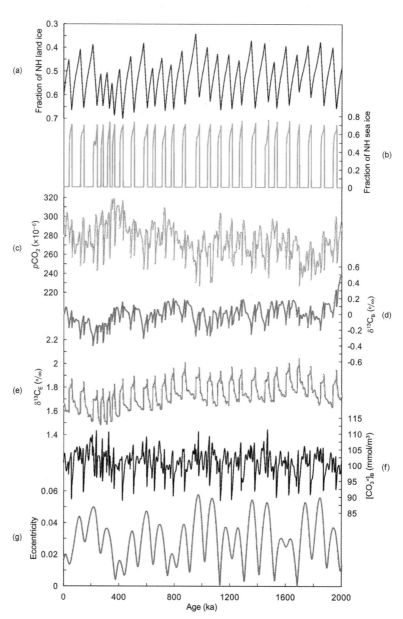

**图 4 - 9 太阳辐射量驱动冰盖体积变化,ETP 驱动河流输入 DIC 和
ALK 变化条件下 0~2 Ma 的模拟结果**

(a) 北半球冰盖覆盖面积比例;(b) 北半球海冰覆盖面积比例;(c) 大气 CO_2 含量;(d) 箱体"B"
的海水 $\delta^{13}C$;(e) 箱体"E"的海水 $\delta^{13}C$;(f) 箱体"B"的碳酸根浓度;(g) 地球偏心率参数(Laskar
et al., 2004)

4.4　冰盖与大洋碳循环相互作用

4.4.1　冰盖变化的轨道驱动

根据 Gildor and Tziperman（2001）和本论文修改后的模型模拟结果可以看出冰盖的 10 万年周期可能是地球气候系统内部反馈的结果。海冰的周期性触发使冰盖迅速融化,而海冰融化后冰盖缓慢增长。太阳辐射量控制冰盖的融化速率使冰盖变化的相位与轨道参数一致。除 Gildor and Tziperman（2001）的模型外还有具有其他物理机制的模型也能成功模拟冰盖变化的 10 万年周期（e.g. Pollard,1982；Saltzman et al.,1984；Paillard,1998；Paillard and Parrenin,2004）。轨道驱动的非线性相位锁定机制（Tziperman et al.,2006）能够解释为什么这些具有不同物理机制的模型都能产生与地质记录相似的结果。相位锁定的基本原理是无论初始状态如何,冰盖响应的相位与外部驱动的相位会逐渐调整为某一固定的相位差。如图 4 - 7 所示,在太阳辐射量的季节性变化驱动和轨道驱动两种条件下,海冰触发时间上的差异逐渐增大。轨道驱动下海冰的触发时间与太阳辐射量的快速变化时间段相对应,也就是说冰消期的相位受轨道参数控制。只要模型中包含了气候响应与轨道驱动的非线性相位锁定关系,不同模型的模拟结果都可能与地质记录匹配。冰盖体积变化是否确实受北半球高纬海冰面积控制还需要海冰的指标记录和 GCM 模式的进一步验证。

4.4.2　大洋环流对冰盖变化的响应

现代大洋底层水主要有形成于北大西洋的 NADW 和南大洋的 AABW。在间冰期时北大西洋的底层水基本由 NADW 构成,随着纬度向南，NADW 托覆于 AABW 之上。NADW 在南大西洋的深度约为 2 500 m(Rahmstorf，2002)。冰期时，AABW 的范围向北扩展，可能构成了整个大西洋的底层海水，而 NADW 的强度减弱，下沉深度变浅为 1 500 米(Curry and Oppo，2005；Rahmstorf，2002)。在模拟实验中，封闭系统季节性太阳辐射量驱动的模拟结果能够反映洋流变化的主要特点，而轨道驱动主要控制相位和岁差周期强度，因此以下重点讨论无轨道驱动的洋流模拟结果。洋流变化由各箱体间海水的密度差决定(公式 (4-1)—(4-11))。当冰消期海冰面积大规模增大时，箱体"E"与"N"的密度差会突然减小，洋流 Q1(代表 NADW 强度)(图 4-10b)会在冰消期开始时即冰盖面积最大时达到最小，并在整个冰消期内保持较低的流量。当冰消期结束后，Q1 迅速恢复，之后随冰盖面积增大而减小，并且减小的速率随冰盖面积逐渐增快，到下一次冰消期开始时再次迅速减小到最小值。数值模拟结果与 ^{231}Pa/^{230}Th 记录显示冰期时北大西洋 4 000 m 深度以下水体更新速率减弱的结果一致(Gherardi et al.，2009)。Gildor et al.(2002)的模拟结果中 NADW 在冰期时实际是加强的，与本模型的结果并不相同，说明模型中冰盖对经向环流的变化并不敏感。海冰的触发实际是由于箱体"N"和"I"的混合作用减小引起的(图 4-10c)。当冰盖面积增大到临界值时，北半球高纬箱体"N"的海温低于结冰温度，海冰形成，同时冰盖大量融化使盐度降低，表层与深层水的密度差减小使混合作用减小。温度相对较高的深层水与温度较低的表层水体的混合作用减少会促进海冰的进一步扩张。因此海冰形成与海水混合作用构成了一种正反馈机制，使海冰面积在冰消期时能迅速扩大，冰消期结束时，海冰又迅速消失。在封闭系统模拟中，pCO$_2$ 在冰消期开始时迅速升高(图 4-2d)，对应北半球高纬海冰的触发和垂向海水交换的减弱，pCO$_2$ 在海冰全部融化和海水垂向交换恢复时又会快速降低。这说明模型中北半球高纬海区是吸收大气 CO$_2$ 的汇，海冰的阻隔效应造成了 pCO$_2$ 的升高。海冰全部融化后，pCO_2 与 Q1 同步变化说明冰期时热带低纬箱体"E"的上升流减弱，由深部海水通过表层海水进入大气的 CO_2 也相应减小。模拟的大气 CO_2 结果与南大洋垂向海水交换(图 4 - 10d)并没有显示直接的对应关系。根据 Gildor et al. (2002)的箱式模型结果，南大洋的垂向海水交换是控制大气 CO_2 的决定性因素。本论文的模拟结果与之并不一致的原因是由于模型中加入了南大洋中层水(箱体"I")，使得底层水和表层水不能直接交换，底层水中溶解的大量 CO_2 不能直接进入表层水并通过海—气交换进入大气。因此，如果大气 CO_2 冰期—间冰期旋回是由南大洋的通风状态控制 (Toggweiler，1999；Toggweiler et al.，2006)，南大洋的水体交换必须非常充分，底层水和表层水要充分混合。

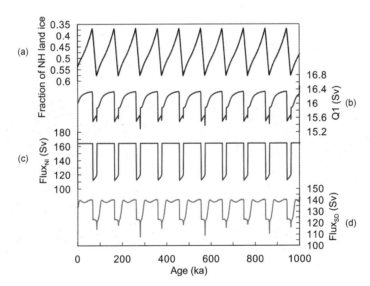

图 4 - 10　封闭系统季节性太阳辐射量驱动下洋流变化模拟结果

（a）北半球冰盖覆盖面积比例；（b）Q1(NADW)流量；（c）箱体"N"与"D" 海水交换速率；（d）箱体"S"与"I"海水交换速率

4.4.3　冰盖与低纬过程相互作用的周期性变化

在开放系统模型中，当固定冰盖体积时，表层和底层水 $\delta^{13}C$ 的模拟结果(图 4 - 8b,c)都显示有强烈的 40 万年周期,其强度要强于 ETP 参数的其他周期成分(图 4 - 11a,b)。交叉频谱显示在 40 万年周期上,底层水 $\delta^{13}C(\delta^{13}C_B)$ 落后表层水 $\delta^{13}C(\delta^{13}C_E)$ 约 35 kyr,基本为同步变化(图 4 - 11c)。$\delta^{13}C_B$ 领先偏心率 168 kyr(即落后 232 kyr),基本与偏心率长周期成反相位关系(图 4 - 11d)。$\delta^{13}C_B$ 与偏心率在 40 万年周期上高度相关(置信度>95%),并且相位差保持一致,说明二者具有因果联系。

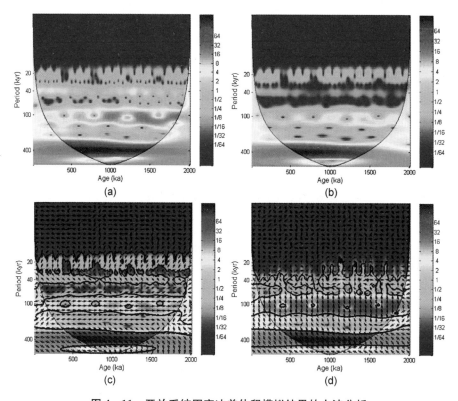

图 4 - 11 开放系统固定冰盖体积模拟结果的小波分析

(a) 箱体"B"模拟 $\delta^{13}C$ 连续小波谱分析;(b) 箱体"E"模拟 $\delta^{13}C$ 连续小波谱分析;(c) 箱体"B"与"E"模拟 $\delta^{13}C$ 的交叉小波谱分析;(d) 箱体"B"模拟 $\delta^{13}C$ 与偏心率参数(Laskar et al., 2004)的交叉小波谱分析。其中黑色锥形实线以内为小波分析过程中不受边缘效应影响的区域,锥形线以外的结果可能因边缘效应而不可信。交叉小波结果中黑色等值线代表红噪假设下显著性水平为 5%的区域。箭头表示 2 个时间序列间的相位关系。向右箭头表示同相位,向左箭头表示反相位,向上箭头表示 $\delta^{13}C_B$ 领先 90°,向下箭头表示 $\delta^{13}C_B$ 落后 90°。小波分析方法由 Grinsted et al. (2004)提供

当冰盖体积可变并且受海冰"开关"机制控制时,模拟结果的频谱分析与固定冰盖体积时的结果明显不同。$\delta^{13}C_E$ 的最强周期成分为反映了冰盖变化的约 10 万年周期,40 万年周期虽然存在但强度较弱(图 4 - 12b)。$\delta^{13}C_B$ 的周期以 40 万年周期为主,但 10 万年周期强度也很强(图 4 - 12a)。$\delta^{13}C_B$ 与 $\delta^{13}C_E$ 交叉小波谱结果显示二者在冰盖变化周期上高度相关,相位差保持稳定,基本呈反向关系(图 4 - 12c),这与封闭系统的模拟结果一致(图 4 - 6f,g)。在 40 万年周期上,$\delta^{13}C_B$ 与 $\delta^{13}C_E$ 在强度上的相关性较小,不在 95% 置信区间内。小波分析结果说明模型中加入冰

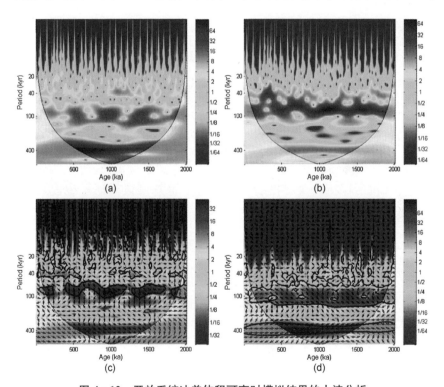

图 4 - 12　开放系统冰盖体积可变时模拟结果的小波分析

(a) 箱体"B"模拟 $\delta^{13}C$ 连续小波谱分析;(b) 箱体"E"模拟 $\delta^{13}C$ 连续小波谱分析;(c) 箱体"B"与"E"模拟 $\delta^{13}C$ 的交叉小波谱分析;(d) 箱体"B"模拟 $\delta^{13}C$ 与偏心率参数(Laskar et al.,2004)的交叉小波谱分析。其中频谱置信区间和黑色箭头代表的领先/落后关系见图 4 - 11 中说明

盖变化后,$\delta^{13}C$ 中原有的 40 万年周期明显减弱,而冰盖变化的 10 万年周期加强。并且在 40 万年周期上,$\delta^{13}C_B$ 在不考虑冰盖变化时落后偏心率 232 kyr,而在考虑冰盖变化时落后偏心率 200 kyr。可见冰盖变化引起洋流的改组不仅可以造成代表低纬碳循环的 40 万年周期减弱,而且可以改变其与偏心率长周期的相位关系。

4.5　本章小结

本章在第 3 章箱式模型基础上进行了改进,根据 Gildor and Tziperman (2001)的箱式模型加入了冰盖、海冰和大气模式。新开发的模型可以同时考虑热带风化过程和高纬冰盖过程对碳循环的影响。模拟结果显示冰盖变化的 10 万年周期和非对称形态可能是受气候系统的内反馈机制控制。北半球高纬海冰面积的快速扩张与消亡对应着冰消期的开始与结束。轨道驱动可以通过非线性相位锁定机制使冰盖变化与其在相位上保持一致。目前还有许多其他物理机制模型也能通过非线性相位锁定机制模拟冰盖的非对称 10 万年周期变化。海冰的"开关"机制还需要反映海冰变化指标和更复杂模型的验证。

海冰和冰盖变化同时改变大洋环流的格局。海冰的阻隔效应使大气 CO_2 在冰消期时升高。冰期时大洋环流减弱使大气 CO_2 逐渐降低。如果大气 CO_2 的冰期—间冰期旋回由南大洋的通风状态控制,南大洋的水体交换必须非常充分,底层水和表层水要充分混合。

冰盖变化引起洋流的改组可以造成代表碳循环热带过程的 40 万年周期减弱,而反映冰盖信息的 10 万年周期加强。$\delta^{13}C$ 与偏心率长周期的相位关系也会因冰盖变化而发生改变。

第 5 章
晚上新世以来北半球冰盖扩张和气候转型的轨道驱动

5.1 概　　述

晚上新世以来,地球气候系统经历了晚上新世(3.0—2.7 Ma)和中更新世(1.2—0.8 Ma)两次大的转型过程。3 Ma 之前,高纬地区的温度明显高于现在(Dowsett et al.,1996;Robinson et al.,2008),而北极冰盖尚不具规模(Haywood et al.,2000;Lunt et al.,2008)。热带东赤道太平洋(EEP)地区的海表温度(SST)明显高于现在,东西赤道太平洋SST 的差异很小,表现为长期稳定的(类)厄尔尼诺(El Niño)状态(Wara et al.,2005)。高低纬度 SST 记录显示经向温差也明显小于现在(Brierley and Fedorov,2010;Brierley et al.,2009;Martinez-Garcia et al.,2010)。现代位于西太平洋的暖池区(年平均 SST>28℃)在晚上新世气候转型之前在纬向和经向上面积都有扩张。数值模拟结果表明经向和纬向 SST 差异减小会引起 Walker 环流和 Hadley 环流减弱,影响全球气候(Brierley and Fedorov,2010;Brierley et al.,2009;Molnar and Cane,2002)。晚上新世之前的大气 CO_2 浓度(pCO_2)估计与现代水平接近(Pagani et al.，2010)，并且当时的地球轨道参数也与现代接近。在当今全球变暖的背景下，地球气候系统是否又会回到上新世暖期的稳定 El Niño 状态也成为气候变化研究关注的热点(Philander and Fedorov，2003；Haywood et al.，2009)。

2.7 Ma 之后，高纬地区出现大量冰筏沉积物，北极冰盖开始快速扩张(Shackleton et al.，1984)；北太平洋生物成因的蛋白石沉积通量明显降低，指示盐跃面的形成(Haug et al.，1999)。EEP 的 SST 显著下降，上升流加强，温跃层变浅(Wara et al.，2005；Lawrence et al.，2006；Ravelo et al.，2004)，而赤道西太平洋(WEP)的 SST、温跃层深度却无明显变化(Wara et al.，2005)。赤道太平洋由稳定 El Niño 状态逐渐向现今的 SST 东西不对称状态转变，高低纬度 SST 经向差异也逐渐增大(Brierley et al.，2009)。在轨道尺度上，$\delta^{18}O$ 和 SST 等记录还显示 4 万年的斜率周期与北半球冰盖扩张(NHG)同步增强(Lawrence et al.，2006)，可能反映了高纬冰盖作用的增强改变了大洋环流的格局，并影响低纬海区(Philander and Fedorov，2003)。1.7 Ma 左右，高低纬度 SST 差异进一步增大并逐步达到与现代类似的稳定状态，SST 记录的 4 万年周期在这一阶段进一步强化(Ravelo et al.，2004；Martinez-Garcia et al.，2010)，可能反映了高纬冰盖作用的进一步加强。0.8 Ma 时，地球气候系统的轨道周期由 4 万年转变为 10 万年，气候系统进入了典型的冰期—间冰期的 10 万年旋回。关于冰期旋回"10 万年难题"(Imbrie and Imbrie，1980)的答案可能是冰盖对偏心率周期的非线性响应(Imbrie et al.，1993；Imbrie and Imbrie，1980)，地球系统内部的自我反馈(Gildor and Tziperman，2000，2001)或者斜率周期的驱动(Huybers，2006；Huybers and Wunsch，2005)。

晚上新世以来的气候转型过程除与冰盖变化密切相关外，碳循环也起着重要作用。数值模拟结果表明只有 CO_2 降低到一定水平之后，北半球冰盖才能大规模扩张(Lunt et al.，2008)。重建资料也显示 CO_2 在气候转型过程中可能起到直接或间接的作用(e. g. Hönisch et al.，2009；Tripati et al.，2009)。本章将利用 0—5 Ma 的 SST、冰量变化和 $\delta^{13}C$ 记录探讨上新世—更新世轨道周期变化的特点,为揭示 3 Ma 以来的气候转型事件的机制寻找线索。

5.2　材料与方法

5.2.1　气候替代性指标

SST 是气候变化的最直接证据之一,选取西太平洋暖池核心部位的 ODP 806 站(0°N, 159°E,水深 2 520 m,年平均温度＞28 ℃)和东太平洋冷舌区的 ODP 846 站(3°6′S, 90°49′W,水深 3 296 m,年平均温度约 24 ℃),ODP 1239 站(0°40′S, 82°5′W,水深 1 414 m,年平均温度约 25 ℃)作为低纬海区研究站位(图 5-1,表 5-1)。为了进行高低纬度对比,还选取了北太平洋 ODP 882 站(50°21′N, 167°35′E,水深 3 244 m,年平均温度约 5℃)和南大洋 ODP 1090 站(42°55′S, 8°54′E,水深 3 702 m,年平均温度约 10℃)。806 站 SST 记录根据 G. sacculifer Mg/Ca 计算得到,平均时间分辨率为 11 kyr(Wara et al.，2005)。Medina-Elizalde et al. (2008)考虑到地质尺度上海水 Mg/Ca 的变化,校正了 SST 计算公式中的指前系数(pre-exponential coefficient)b:

$$Mg/Ca_{G. \, saculifer} = b \times exp0.09[SST - 0.61(d) - 2℃]$$

$$b = 0.37 \times [1 - 0.12 \times (4.96 - Mg/Ca_{sw})] \qquad (5-1)$$

式中,SST 单位为℃,d 为水深(单位为 km)。系数 b 校正根据当时海水 Mg/Ca(Mg/Ca_{sw})与现代海水(4.96 mol/mol)的差异,每变化 1 个单位,系数 b 变化 12%。经过校正后 806 站 SST 的长期趋势有较大改变(图5-2c)。为了讨论东西太平洋 SST 变化的相位关系,还选取了 806 站 1.0 Ma 以来更高分辨率(2.3 kyr)的 G. ruber Mg/Ca - SST 记录(Medina-Elizalde and Lea,2005)。所有 SST 记录中,846 站(Lawrence et al.,2006),882 和 1090 站(Martinez-Garcia et al.,2010)(图 5-2)都是根据沉积物中 Alkenone 含量计算得到,平均时间分辨率分别为2.3 kyr,6.7 kyr 和 3.2 kyr。此外还选取 846 站底栖有孔虫 $\delta^{18}O$ 数据(Lawrence et al.,2006)作为高纬冰量的信号。所有站位年龄模式都调整至 LR04 时间标尺(Lisiecki and Raymo,2005),并统一插值为等时间间隔后用于频谱分析。

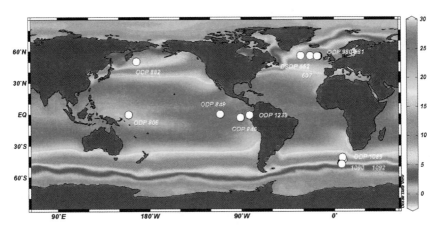

图 5-1　站位位置图(底图为现代大洋年平均 SST)①

表 5-1　站位位置及替代性指标

海区	站位	坐标	水深/m	指　标	分辨率/kyr	来　源
东太平洋	846	3°06′S 90°49′W	3 296	$\delta^{13}C$	2.5	Wang et al.,2010 及其参考文献
	849	0°11′N 110°31′W	3 851	$\delta^{13}C$	4	

① 数据来源于 http://www.nodc.noaa.gov/OC5/WOA05/pr_woa05.html

续　表

海区	站位	坐标	水深/m	指标	分辨率/kyr	来源
北大西洋	552	56°03′N 23°14′W	2 311	$\delta^{13}C$	11.8	Cramer et al.，2009 及其参考文献
	607	56°N 32°W	3 427	$\delta^{13}C$	3.8	
	980	55°29′N 14°42′W	2 179	$\delta^{13}C$	0.5	
	981	55°29′N 15°52′W	2 184	$\delta^{13}C$	1.5	
南大洋	1089	40°56′S 9°54′E	4 575	$\delta^{13}C$	0.4	Cramer et al.，2009 及其参考文献
	1090	42°55′S 8°54′E	3 702	$\delta^{13}C$	3.3	
	1092	46°25′S 7°5′E	1 974	$\delta^{13}C$	6	
	704	46°53′S 7°25′E	2 531	$\delta^{13}C$	2.8~7.5	Hodell and Venz，1992
西太平洋	806	0°N 159°E	2 520	SST (Mg/Ca)	11,2.3	Wara et al.，2005；Medina-Elizalde and Lea，2005
东太平洋	846	3°06′S 90°49′W	3 296	SST (Alkenone) $\delta^{18}O$	2.3	Lawrence et al.，2006
	1239	0°40′S 82°5′S	1 414	SST (Alkenone)	2~4	Etourneau et al.，2010
北太平洋	882	50°21′N 167°35′E	3 244	SST (Alkenone)	6.7	Martinez-Garcia et al.，2010
南大洋	1090	42°55′S 8°54′E	3 702	SST (Alkenone)	3.2	Martinez-Garcia et al.，2010

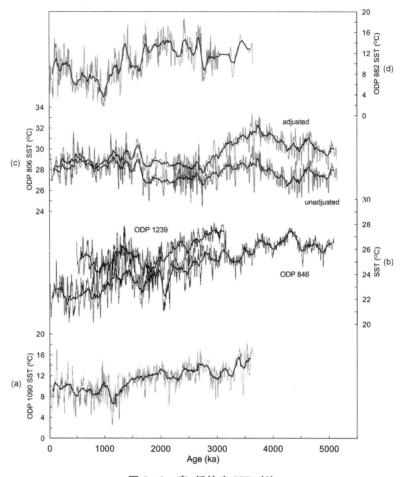

图 5 - 2 高、低纬度 SST 对比

(a) 南大洋 ODP 1090 站 SST(Martinez-Garcia et al.，2010)；(b) 赤道东太平洋 ODP 846 站(Lawrence et al.，2006)，1239 站 SST(Etourneau et al.，2010)；(c) 赤道西太平洋 ODP 806 站 Mg/Ca(Wara et al.，2005)计算 SST 结果，其中蓝色曲线为未经过校正 SST，红色曲线为校正后的结果(Medina-Elizalde et al.，2008)；(d) 北太平洋 ODP 882 站 SST (Martinez-Garcia et al.，2010)。黑色曲线为 SST 记录的 100 kyr 时间窗口移动平均

　　为了研究大洋环流和碳储库在转型期的变化，选择 DSDP（Deep Sea Drilling Project）/ODP 站位已发表的底栖有孔虫 $\delta^{13}C$ 记录合成了 0—5 Ma 以来反映北大西洋，南大洋和东太平洋底层水变化的 $\delta^{13}C$ 记录（表 5 - 1）。其中，东太平洋使用 Wang et al.（2010）的合成数据，北大西

洋和南大洋数据来源自 Cramer et al.(2009)的数据集,所有底栖有孔虫
δ^{13}C 采用(或者校正到)能与海水达到平衡的 Cibicidoides Wuellerstorfi
壳体同位素值。北大西洋海区选取 DSDP 552 站($56°03'$N, $23°14'$W,水
深2 311 m)、DSDP 607 站($56°$N, $32°$W,水深 3 427 m)、ODP 980 站
($55°29'$N, $14°42'$W,水深 2 179 m)和 ODP 981 站($55°29'$N, $15°52'$W,
水深2 184 m)等 4 个站位,基本能够反映 NADW 形成时的初始状态(图
5-3)。每个站位 δ^{13}C 都插值到等时间间隔后,重合部分取平均值得到
合成曲线(图5-4)。南大洋选取 ODP 1089 站($40°56'$S, $9°54'$E,水深
4 575 m)、ODP 1090 站($42°55'$S, $8°54'$E,水深 3 702 m)、ODP 1092 站
($46°25'$S, $7°5'$E,水深1 974 m)和 ODP 704 站($46°53'$S, $7°25'$E,水深

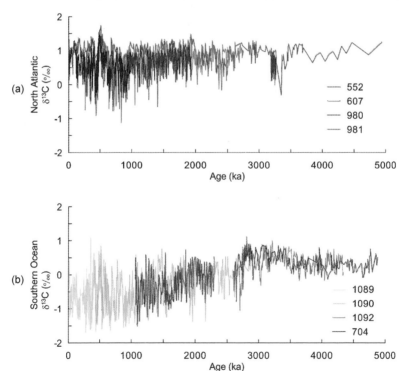

图 5-3　底栖有孔虫 δ^{13}C 集合

(a) 北大西洋;(b) 南大洋。数据来源:Cramer et al.,2009;Hodell and Venz,1992

2 531 m)等 4 个站位(图 5 - 3)。合成曲线由 1089 站,1090 站和 1092 站 δ¹³C 拼接而成(图5 - 4)。由于 1090 站位水深较浅,位于现代上层环南极深层水(UCDW)而 1089 和 1092 站水深较深,位于下层南极深层水(LCDW),为确保合成曲线能反映同一水团信息,同时对比现代位于 NADW 水层的 704 站 δ¹³C 记录(Hodell and Venz,1992),可以发现 704 站在 2. 8—4 Ma 之间与 1090 站 δ¹³C 接近,1.1—2.2 Ma 时间段与 1090 站 δ¹³C 接近,虽然中部存在部分数据缺失但仍能说明南大洋在 1.1—4 Ma 时间段内 2 000 m 水深以下为同一水团,合成曲线能够反映南大洋底层海水 δ¹³C 信息(图 5 - 4)。

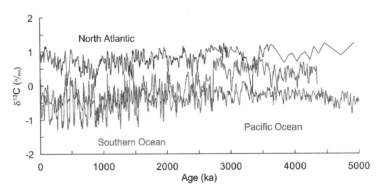

图 5 - 4　北大西洋,南大洋及太平洋底层水 δ¹³C 合成记录①

5.2.2　太阳辐射量及其计算

Berger(1978)和 Loutre et al. (2004)详细介绍了地质历史时期太阳辐射量的计算方法。本章采用 Laskar et al. (2004)的地球轨道参数计算平均和时间累积辐射量,具体过程如下。

大气层顶部太阳辐射量受地球运转的轨道参数控制见图 5 - 5。根据 Kepler 第二定律(或角动量守恒定律),相同时间内地球与太阳连线

①　太平洋合成数据源自 Wang et al. ,2010

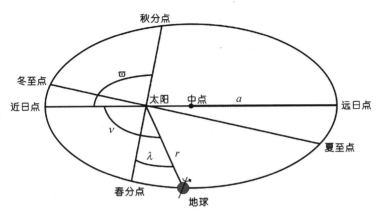

图 5 - 5　地球轨道参数

λ：从春分点逆时针方向至地球的天文经度（黄经），将春分点作为黄经 0°的参考点；r：地球
与太阳的距离；a：椭圆轨道中心至近日点或远日点的长半轴距离；ϖ：近日点天文经度，计
算时必须加上 π(Berger, 1978)；ν：近日点逆时针方向至地球的角度

沿椭圆轨道扫过的面积相同：

$$r^2 \mathrm{d}\lambda = \frac{2\pi}{T} a^2 \sqrt{1-e^2}\, \mathrm{d}t \qquad (5-2)$$

式中，λ 为从春分点逆时针方向至地球的天文经度（黄经），将春分点作
为黄经 0°的参考点，r 为地球与太阳的距离，T=365.242 2 天，为地球绕
太阳一周所用时间，a 表示椭圆轨道长半轴，e 为偏心率。由公式(5-2)
可知地球在轨道上运转微小角度所需时间为

$$\mathrm{d}t = \frac{T}{2\pi} \frac{r^2}{a^2} \frac{1}{\sqrt{1-e^2}}\, \mathrm{d}\lambda = \frac{T}{2\pi} \frac{\rho^2}{\sqrt{1-e^2}}\, \mathrm{d}\lambda \qquad (5-3)$$

ρ 的计算公式为

$$\rho = \frac{1-e^2}{1+e\cos\nu} = \frac{1-e^2}{1+e\cos(\lambda-\bar{\omega})} \qquad (5-4)$$

式中，ν 为近日点逆时针方向至地球的角度，ϖ 为近日点天文经度。由公
式(5-3)和(5-4)可得地球绕太阳旋转一定天文经度所需时间 T_d 为

$$T_{\mathrm{d}} = \int_{\lambda_1}^{\lambda_2} \frac{T}{2\pi} \frac{(1-e^2)^{3/2}}{[1+e\cos(\lambda-\bar\omega)]^2} \mathrm{d}\lambda \qquad (5-5)$$

某一纬度日太阳辐射总量 W_{d} 的计算公式为

$$W_{\mathrm{d}} = S\frac{1}{\rho}f(\lambda,\ \varepsilon,\ \phi)$$

则地球绕太阳运行一段时间$[t_1,\ t_2]$或天文经度$[\lambda_1,\ \lambda_2]$内接收到的总太阳能量 I_T 为

$$I_T = \int_{t_1(\lambda_1)}^{t_2(\lambda_2)} W_{\mathrm{d}}\mathrm{d}t = S\int_{t_1(\lambda_1)}^{t_2(\lambda_2)} \frac{1}{\rho}f(\lambda,\ \varepsilon,\ \phi)\mathrm{d}t$$

$$= S\int_{\lambda_1}^{\lambda_2} \frac{T}{2\pi} \frac{1}{\sqrt{1-e^2}} \frac{1}{\pi}(H_0\sin\phi\sin\delta + \cos\phi\cos\delta\sin H_0)\mathrm{d}\lambda \quad (5-6)$$

式中,ε 为斜率,ϕ 为纬度, $\sin\delta = \sin\varepsilon\sin\lambda, \cos H_0 = -\tan\phi\tan\delta, S = 24\times3\,600\times1\,365\ \mathrm{J/m^2}$。$[\lambda_1,\ \lambda_2]$ 时间范围内的平均太阳辐射量 I_{a} 为

$$I_{\mathrm{a}} = I_T/T_{\mathrm{d}} \qquad (5-7)$$

由公式(5-5)—式(5-7)可以求出任意天文经度范围内地球运转所需时间,任意纬度上的太阳辐射总能量和平均太阳辐射量。

5.2.3 频谱分析方法

对太阳辐射量和气候记录中的轨道周期演化采用演化谱(Evolutive Spectrum)和连续交叉频谱分析方法。演化谱的基础是多窗口谱分析方法(Multitaper method,MTM)。由于实际的时间序列都是有限长度的,经典的傅里叶(Fourier)变换会使信号真实频段内的能量向外部泄漏而造成一些假象。为了抑制这种频谱能量泄漏,一般使用 Blackman and Tukey 加窗 Fourier 变换(Blackman and Tukey,1958)。但不足之处是这种变换只使用了一个窗口函数。为了最大限度降低频谱中由于能量泄漏而造成的

方差增大,使频谱更平滑可信,本章采用 MTM 方法(Thomson, 1982),将时间序列与正交窗口系相乘后得到一系列加窗时间序列,这些时间序列的功率谱的加权平均值就是 MTM 谱分析的结果,其中,正交窗口系是离散长球序列(Discrete Prolate Spheroidal Sequences, DPSS)的子集,是求解最小化能量泄漏变分方程的特征函数。MTM 的效果由带宽 $2pf_R$ 和窗口个数 k 控制。$f_R = 1/(N\Delta t)$ 为 Rayleigh 频率,N 为时间序列的采样点总数,Δt 为采样间隔,$N\Delta t$ 代表了时间序列的长度。可见 Rayleigh 频率由数据本身决定。p 是根据需要人为设定的整数。以任意频率 f_0 为中心,$[f_0 - pf_R, \ f_0 + pf_R]$ 带宽范围外的能量泄漏可以被很好压制,压制能量泄漏的代价是带宽范围内的频谱被平滑,分辨率降低。DPSS 窗口序列中,只有前 $2p-1$ 个窗口对压制能量泄漏起作用,因此 $k \leqslant 2p-1$。参数 p, k 的选择是分辨率和信噪比的权衡,窗口越多信噪比越高,频谱越平滑,但分辨率降低(Ghil et al., 2002)。当 $p = k = 1$ 时,MTM 就蜕化为传统的 Blackmam and Tukey 方法。如果时间序列足够长,只取其中一段数据进行 MTM 分析,将频谱对应到这段数据中点的时间,按照一定的时间步长移动窗口,就得到了不同时间的 MTM 频谱,这就是具有时频信息的演化谱分析。本章演化谱分析的参数设置为 $p = 2$, $k = 3$,窗口长度为 819.2 kyr,时间步长 5 kyr。

5.3　晚上新世以来气候转型期的地质记录响应

5.3.1　SST 的长期变化

　　EEP 海区 ODP 846,1239 站 SST 表现出非常一致的变化趋势,1239 站 SST 整体高于 846 站是由于水深较浅的原因,因此在后续讨论中 EEP 海区只讨论年龄跨度更长的 846 站的变化。846 站 SST 自

4.3 Ma以来逐渐降低(图 5 - 2b),降温幅度达 1℃/Myr(Lawrence et al.,2006)。WEP 海区 806 站 SST 经过校正后整体升高,尤其以 2.7 Ma之前变化最大(图 5 - 2c)。806 站 SST 降温主要发生在 3.7 Ma~ 2.7 Ma之间,2.7 Ma 之后 SST 的长期变化基本保持稳定。南大洋 1090 站 SST 同样显示降温从 3 Ma 之前就已经开始,表现出与 846 站相似的降温趋势(图 5 - 2a)。北太平洋 882 站最明显的降温则发生在 1.4 Ma(图 5 - 2d)。东西太平洋和高低纬度 SST 差值显示 2.7 Ma 和 1.7 Ma 发生了 2 次重大变化。2.78 Ma 时,806 站与 846 站的温差达到最小(图 5 - 6e),并由此开始温差不断增大,表示太平洋 SST 东西不对称状态开始形成。与此同时 806 站与 1090 站的温差也开始增大(图 5 - 6c),可见 2.7 Ma 时,除暖池中心外,EEP 和高纬海区 SST 都开始下降,时间上与高纬水体层结(stratification)加强对应(Haug et al.,1999;Sigman et al.,2004),反映了大洋环流的变化。1.7 Ma 时 806 站与 882 站(图 5 - 6d),846 与 882 站(图 5 - 6b)和 846 与 1090 站(图 5 - 6a)的温差都开始增大,806 与 1090 站温差也进一步增大,温差的变化速率加快,说明 1.7 Ma 时高纬海区发生大幅度降温,高低纬度温差增大。

通过对比可发现 2.7 Ma 之前,SST 的经向、纬向差异都比现代小,暖池区可以扩展到 EEP 海区,面积明显大于现代(Brierley and Fedorov,2010)。赤道太平洋海区表现为稳定的 El Niño 状态,可能导致热带气旋(台风和飓风)发生的频率增加(Fedorov et al.,2010),EEP 海区上空层云(stratus cloud)的减少(Philander and Fedorov,2003)。这两种正反馈机制又能使 El Niño 得以维持。Brierley et al.(2009)的数值模拟结果表明早上新世 SST 的经向差异减小,导致大气 Hadley 环流减弱,环流中心向北移动,热带辐合带(ITCZ)变宽,强度减弱,降水减少。虽然 ITCZ 减弱,但大气中水蒸气含量却明显升高。水蒸气作为一种温室气体进一步增加了大气温度。暖池区面积的扩大还可能增加了

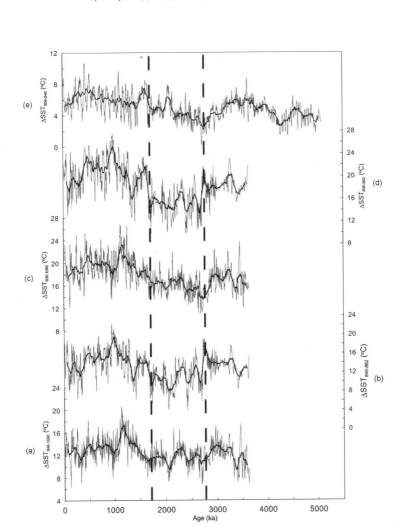

图 5 - 6

（a）ODP 846 站与 1090 站 SST 差值；（b）846 站与 882 站 SST 差值；（c）806 站与 1090 站
SST 差值；（d）806 站与 882 站 SST 差值；（e）806 站与 846 站 SST 差值。其中黑色曲线为
SST 记录的 100 kyr 时间窗口移动平均

海水的热容量，通过洋流向高纬传送更多热量，维持早上新世的全球暖
化。可见晚上新世以前赤道太平洋的稳定 El Niño 状态对全球气候起
着至关重要的作用。

　　晚上新世气候转型之前，高低纬海区的 SST 就都已经有明显的下
降趋势，说明大洋环流发生了变化，EEP 海区的温跃层深度逐渐变浅

(Philander and Fedorov，2003)。当温跃层深度在 2.7 Ma 时变浅至某一临界值时，EEP 海区 SST 会降低到不能维持赤道太平洋的稳定 El Niño 状态，南北温差也同时开始增大。数值模拟结果（Brierley and Fedorov，2010）显示当经向 SST 差异变大时，大气环流的变化可以使高纬温度显著降低，降雪量增加，有利于冰盖扩张。SST 记录显示 2.7 Ma 以来经向和纬向差异明显增大与 NHG 对应，并与 Brierley and Fedorov 的数值模拟结果相互支持，说明大洋环流和 SST 变化是 NHG 的内部反馈机制。目前还不清楚 SST 降温和大洋环流变化领先 NHG 的具体原因，可能的机制是中美洲海道的逐步关闭使底层海水的温盐环流逐渐加强（Burton et al.，1997；Haug and Tiedemann，1998；Sarnthein et al.，2009；Driscoll and Haug，1998），同时也改变了上层水体的通风温跃层环流（Philander and Fedorov，2003）。大西洋与太平洋底栖有孔虫 $\delta^{13}C$ 差值通常也可以用于指示温盐环流的强度。当大西洋与太平洋底层水 $\delta^{13}C$ 差值增大（减小）时温盐环流强度增强（减弱）（e. g. Wright et al.，1992）。但本论文综合已发表底栖有孔虫记录却显示 5—3 Ma 以来 $\delta^{13}C$ 差值逐渐减小（图 5 - 7）。Billups（2002）计算结果也显示 NADW 对大洋环流的贡献在 4.2—2 Ma 呈减少趋势，反映了温盐环流减弱的现象。因此造成 3 Ma 之前全球 SST 的降温趋势的原因还需进一步研究。

5.3.2　南大洋洋流变化

现代大洋底层水 $\delta^{13}C$ 分布显示 NADW 最重，太平洋底层水（PDW）最轻，而 AABW 的 $\delta^{13}C$ 位于二者之间。一般认为 PDW 是由 NADW 和 AABW 等比例混合而成（Broecker et al.，1998），但是由于水团流入太平洋过程中逐渐变老，太平洋表层沉降下来富集^{12}C 的有机碳溶解使 PDW 成为现代 $\delta^{13}C$ 最轻的海水。图 5 - 4 显示在 2.9 Ma 之前北大西洋、太平洋和南大洋底层水 $\delta^{13}C$ 关系在长时间尺度上都与现代

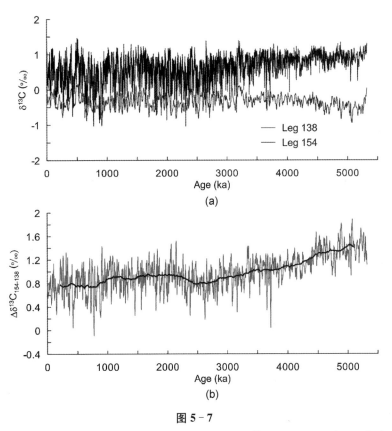

图 5-7

(a) 大西洋 ODP 154 航次和太平洋 ODP 138 航次合成 $\delta^{13}C$ 记录；(b) 154 与 138 航次
$\delta^{13}C$ 差值，其中黑色曲线为 400 kyr 时间窗口移动平均。数据来自 Wang et al. (2010)

类似,说明当时的大洋环流路径也是由北大西洋下沉后经过南大洋最后
进入太平洋。2.9 Ma 之前南大洋底层水 $\delta^{13}C$ 整体高于 PDW 的 $\delta^{13}C$,
而 2.9 Ma 之后南大洋底层水 $\delta^{13}C$ 迅速降低,与 PDW 的 $\delta^{13}C$ 的差值逐
渐减小(图 5-8a)。80 万年以来,冰期时南大洋底层水 $\delta^{13}C$ 甚至低于
PDW 的 $\delta^{13}C$,可能是反映 AABW 端元的 $\delta^{13}C$ 降低,而并不一定代表太
平洋深层环流发生改组(Lisiecki,2010c)。ODP 1089、1090 和 1092 站
位于现代亚南极锋附近,2.9 Ma 时南大洋底层水合成 $\delta^{13}C$ 的快速变化
是否与现代南极锋面系统的形成有关? EEP 海区 ODP 846 站

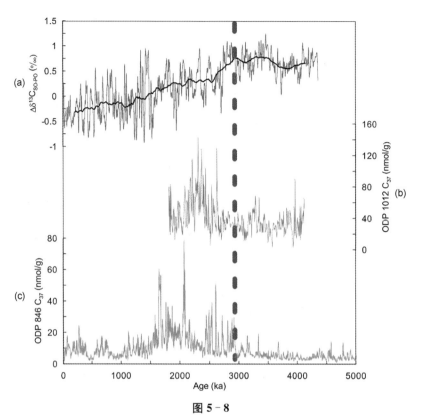

图 5 - 8

(a) 南大洋与太平洋底层水 $\delta^{13}C$ 差值；(b) ODP 1012 站（$32°17'N$,$118°24'W$,水深 1 772 m）烯酮（C_{37}）含量；(c) ODP 846 站（$3°6'S$, $90°49'W$,水深 3 296 m）C_{37} 含量。虚线对应 NHG 开始时间

（Lawrence et al. , 2006）及其北部加利福尼亚岸外 1012 站（$32°17'N$,$118°24'W$,水深 1 772 m）的烯酮含量（C_{37}）（Liu et al. , 2008）在 2.9 Ma 时明显升高（图 5 - 8b,c），指示了上升流加强和生产力提高。同一时间西非南部岸外 ODP 1082 站（$21°5'S$, $11°49'E$,水深 1 280 m）的烯酮堆积速率（Etourneau et al. , 2009）和 1084 站（$25°31'S$, $13°2'E$,水深 1 992 m）有机质含量（Marlow et al. , 2000）也明显升高。这些证据说明伴随着 NHG,全球东边界上升流有加强的趋势。由于高纬海区的层结加强（Haug et al. , 1999；Sigman et al. , 2004）,北太平洋和南极洲岸外等高

纬海区生物硅的沉积通量迅速降低,沉积中心由高纬海区转移到低纬上升流区和南大洋上升流区(Cortese et al.,2004)。南极中层水(AAIW)和亚南极模态水(SAMW)被认为是东边界上升流水体的主要来源,因此南大洋环流的变化可以控制南极高纬和上升流区的生产力变化。2.9 Ma时 AAIW 和 SAMW 开始加强,富含营养盐的海水进入东边界上升流区使生产力提高(Marlow et al.,2000;Liu et al.,2008;Etourneau et al.,2009)。水体 $\delta^{13}C$ 一般与海水营养盐水平呈反向关系,营养盐水平越高时,$\delta^{13}C$ 越轻(Emerson and Hedges,2008)。南大洋合成 $\delta^{13}C$ 记录从 2.9 Ma 开始明显降低也说明 NHG 时南极极锋系统向北移动。SAMW、AAIW 和 AABW 加强使富含营养盐的水体穿过南半球亚热带向低纬海区和北半球输送。南大洋受 AABW 或环南极深层水(CDW)影响而使 $\delta^{13}C$ 变轻。

南大洋也被认为是海洋向大气输送 CO_2 的重要场所,如果南大洋高纬海区的海—气交换和通风性加强会使保存在深层水中大量的 CO_2 进入大气(Toggweiler et al.,2006)。NHG 时南大洋高纬海区的层结加强则可能使海—气交换减弱,南极海冰面积扩大,降低大气 CO_2 浓度。同时东边界上升流加强使生产力和生物泵效率提高,也能降低大气 CO_2 浓度。2.9 Ma 时南大洋环流的变化对北半球冰盖扩张提供了一种正反馈机制。

5.4　气候转型的轨道驱动

5.4.1　SST 与 $\delta^{18}O$ 谱分析结果

演化谱结果显示(图 5 - 9),ODP 846 站、806 站、882 站和 1090 站的 SST 和 $\delta^{18}O$ 在 0—5 Ma 具有显著的轨道周期,但是不同周期成分的强度随时间变化的规律并不相同。其中,EEP 846 站 $\delta^{18}O$(图 5 - 9c)中的斜率

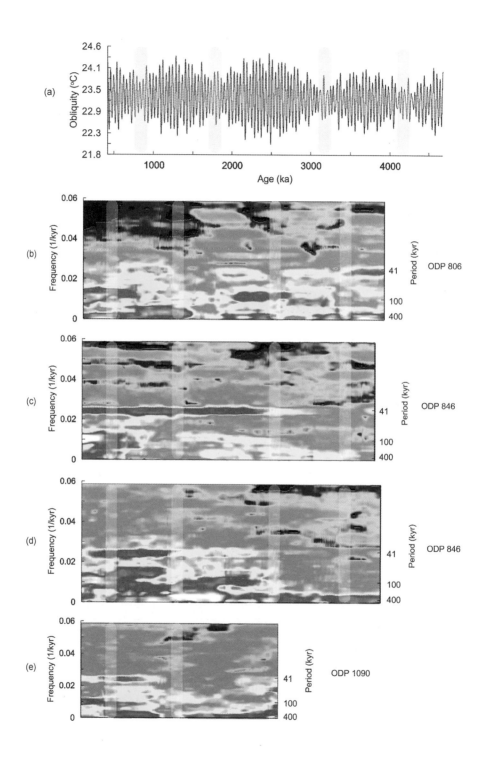

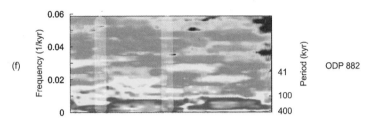

图 5 - 9　SST 与 δ¹⁸O 演化谱分析结果

（a）地轴斜率变化（Laskar et al.，2004）；（b）ODP 806 站 SST 演化谱；（c）ODP
846 站 δ¹⁸O 演化谱；（d）ODP 846 站 SST 演化谱；（e）ODP 1090 站 SST 演化谱；
（f）ODP 1082 站 SST 演化谱。灰色虚线表示斜率周期变幅小的时间段。演化谱
计算参数设置为 $p=2,k=3$，窗口长度 819.2 kyr，移动步长 5 kyr

周期(41-kyr)在 0—5 Ma 最为显著和稳定，强度明显高于岁差(19-kyr，
23-kyr)和偏心率(100-kyr，400-kyr)周期。在 3.2 Ma，δ¹⁸O 中的41-kyr
周期明显增强。从 2.9 Ma 开始，846 站 SST 记录中 41-kyr 周期明显增强
（图 5 - 9d），并在 1.7 Ma 时进一步增强。与之不同的是西太平洋 806 站
SST 中的 41-kyr 周期尽管在 0～5 Ma 都存在，但其强度变化没有 846 站
稳定，呈现断续性增强和减弱的趋势（图 5 - 9b），而且这一周期的强弱变
化与地球斜率（Laskar et al.，2004）变化的节律一致（图5 - 9a）。1090 站
SST 的 41-kyr 周期在 1.7 Ma 时开始增强（图5 - 9e），而 882 站的斜率周
期则不是十分明显。岁差周期尽管在东西赤道太平洋的 SST 记录中存
在，但相对于斜率和偏心率周期，其强度在 0—5 Ma 都显得异常微弱。

　　846 站 δ¹⁸O 记录中，100 kyr 周期虽在 3 Ma 时有所加强，但强度远
比 41-kyr 周期弱。约 1.2 Ma，δ¹⁸O 记录中的 100-kyr 周期明显加强，
并在 0.8 Ma 时超过 41-kyr 周期成为主导周期，但 41-kyr 周期强度并
没有减弱。0.8 Ma 时几乎所有站位的 SST 频谱都显示主导周期由
41-kyr 转变为 100-kyr。

　　846 站 SST 2.9 Ma 时 41-kyr 和 100-kyr 周期强度的明显增强在
时间上正好对应冰期—间冰期尺度上 SST 变化幅度的加大，标志着热带

太平洋东西不对称状态开始形成。1.7 Ma 时 846,806 和 1090 站 SST 中 41-kyr 进一步加强,与 SST 的经向、纬向差异增大对应(图 5 - 6)。

5.4.2　累积太阳辐射量与冰量和海表温度记录中的斜率周期

Milankovitch 理论认为,气候变化由太阳的辐射量控制,其中 65°N 夏季的太阳辐射是关键。长期以来,研究者都采用日平均或月平均的太阳辐射量代表地表气候变化的外部驱动。然而,无论是 Berger(1978)还是 Loutre et al. (2004)的太阳辐射计算方案,高纬和低纬的月平均太阳辐射量都是以岁差周期为主,斜率周期为次,区别在于高纬的斜率周期更强。古气候学家也发现,晚更新世热带海区的生产力也是以岁差周期为主,斜率和偏心率周期为次(Beaufort et al. , 2001;Beaufort et al. , 1997;McIntyre and Molfino, 1996)。然而,频谱分析结果却表明在长时间尺度上,无论是高纬的冰量变化,还是热带海区的 SST 变化(图5-9),均是以 41-kyr 的斜率周期为气候变化中的主导周期,岁差周期则显得异常微弱。显然,用月平均的太阳辐射量来解释气候记录中的斜率周期产生了矛盾(图 5 - 10e),出现了外部驱动和气候响应在主导周期变化上的错位。

利用公式(5 - 5)—式(5 - 7)计算了赤道地区(0°)的太阳辐射累积能量和平均辐射量。图 5 - 10 显示年均太阳辐射量以斜率(41-kyr)周期为主,偏心率(400-kyr,100-kyr)周期较弱,而岁差(19-kyr,23-kyr)周期并不存在。天文经度 90°至 270°,即夏至点至冬至点的累积太阳辐射量也以斜率为主,偏心率周期较弱,岁差周期则不存在。只有平均太阳辐射量才以岁差周期为主,而斜率和偏心率周期则非常弱。

由公式(5 - 6)可知,累积太阳辐射能量 I_T 是纬度 ϕ,偏心率 e,斜率 ε 和天文经度 λ 的函数,并不包含岁差参数 ϖ,因此累积太阳辐射能量只有斜率和偏心率周期。由公式(5 - 5)可知,地球经过天文经度 $[\lambda_1, \lambda_2]$ 所需时间 T_d 是岁差和偏心率的函数,由于偏心率变化幅度很小,T_d 以

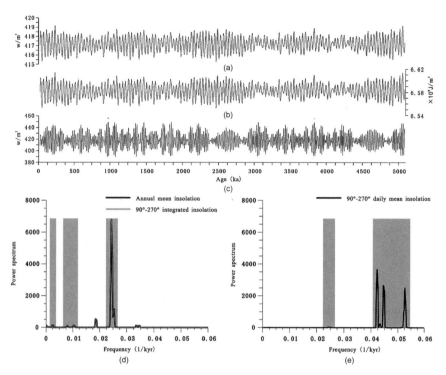

图 5-10　赤道太阳辐射量及其 MTM 频谱分析结果

（a）赤道（0°）全年平均太阳辐射量；（b）天文经度 90°～270°内累积太阳辐
射量；（c）天文经度 90°～270°内平均太阳辐射量；（d）年平均太阳辐射量（a）和天文经度 90°～270°内累积太阳辐
射量（b）的频谱；（e）天文经度 90°～270°内平均太阳辐射量（c）的频谱。阴影为岁差，斜率，偏
心率周期对应频率

岁差周期为主。平均太阳辐射量是累积太阳辐射能量与时间的比值，理
论上应同时具有岁差，斜率和偏心率周期。计算结果显示大部分地区平
均太阳辐射量以岁差周期为主（图 5-10e），只有高纬地区冬季平均太阳
辐射量才以 41-kyr 的斜率周期为主，但冬季辐射量的数值很小，并不足
以驱动地球气候变化。年平均太阳辐射量以 41-kyr 周期为主，并且不
含岁差周期（图 5-10d），这是因为地球绕太阳旋转一周的时间恒定为
365.242 2 天，即年平均太阳辐射量是太阳辐射总能量除以一个常数，所
以年平均太阳辐射量的频谱与太阳辐射总能量的频谱相同。Loutre et
al.（2004）的计算显示南北半球年均太阳辐射量中 41-kyr 周期占据主

导且具有对称性,以南、北纬 43°为界,向赤道方向与向两极方向的辐射量变化相位刚好相反,即赤道地区太阳辐射量增加时,两极地表辐射量减少,反之亦然。Huybers(2006)定义夏季为 65°N 一年内日平均太阳辐射量>275 W/m² 时间段,则夏季累积太阳辐射量也以斜率周期为主。

总之,累积太阳辐射量和年均辐射量以斜率周期为主,月均太阳辐射量除高纬冬季外以岁差周期为主。因此,太阳的累积辐射量或年均辐射量而非月平均辐射量才是 2.7 Ma 北半球冰盖扩张之后气候变化的外部主导因素。

5.4.3 高纬太阳辐射、冰盖和赤道太平洋 SST 在斜率周期上的相关性

由公式(5-6)可知,高纬和低纬的全年累积太阳辐射或年均太阳辐射都以斜率周期为主,而赤道太平洋 0~5 Ma 的 SST 记录也以 41-kyr 的斜率周期为主。作为外部驱动力,高纬和低纬的太阳辐射谁更加直接的控制赤道太平洋 SST 在斜率周期上的变化?

这里以 EEP 海区 846 站的 SST 记录为例,计算了它与 65°N 和 0° (赤道)的年平均太阳辐射量的连续交叉频谱(图 5-11)。结果显示, 846 站 SST 与 65°N 年均太阳辐射量在 41-kyr 的斜率周期上具有很好的相关性,相关系数显示出异常强而且变化稳定的 41-kyr 斜率周期(图 5-11a)。不仅如此,斜率周期上二者的相位差为正(图 5-11b),表示 65°N 太阳辐射量的变化在前、SST 的变化在后,这符合外部驱动与气候响应的基本原理。在 0—5 Ma,二者的相位差基本在 45°左右,只在 3.5—2.9 Ma 有一些不大的波动,总体上稳定。然而,在斜率周期上,尽管 0°太阳累积辐射量与 SST 表现出强相关性,它们之间的相位差却为负值,据此说明 SST 的变化在前、太阳辐射的变化在后的关系,这种关系显然不符合外部驱动与气候响应的基本原理。由此推论,影响斜率周期上

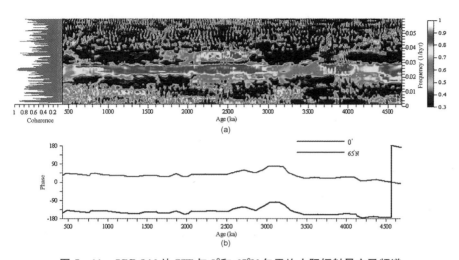

图 5-11　ODP 846 站 SST 与 0°和 65°N 年平均太阳辐射量交叉频谱

（a）846 站 SST 与 65°N 平均太阳辐射量相关系数谱；（b）SST 中 41-kyr 周期成分与 0°和 65°N
年平均太阳辐射量的相位关系

赤道太平洋 SST 变化的外部强迫应是高纬地区的累积太阳辐射量。

　　Huybers（2006）认为高纬地区夏季累积太阳辐射量是晚上新世
NHG 以来冰盖变化的主要驱动力。Nisancioglu（2004）的数值模拟结
果也支持高纬太阳辐射量对冰盖变化的主要控制作用。Fedorov et al.
（2006）进一步推论，当斜率增大时，高纬地区的年均太阳辐射量随之增
加，导致海洋向大气释放的热量降低，大洋环流减弱，东太平洋温跃层深
度变深，东太平洋上升流区的 SST 升高；反之，当斜率减小时，高纬地区
的年均太阳辐射量减小，东太平洋上升流区的 SST 降低。高纬太阳辐
射、冰盖变化和赤道太平洋的 SST 在斜率周期上的相关性反映了高纬
与低纬气候变化的密切联系。

5.4.4　轨道尺度上东西赤道太平洋 SST 变化的相似性

　　ODP 846 站、806 站 SST 记录显示，2.7 Ma 之后东西赤道太平洋的
SST 梯度显著加大。而在轨道尺度上，东西赤道太平洋 SST 记录中的

轨道周期变化却体现出某种相似性。演化谱分析结果显示(图 5 - 9)，2.9 Ma 之前 846 站 SST 记录中的 41-kyr 斜率周期和 100-kyr 偏心率周期成分不显著，与同时期的 806 站 SST 记录形成鲜明反差；2.9 Ma 之后，两个站位的 SST 记录都显示出很强的 41-kyr 和 100-kyr 周期，体现出轨道尺度上两者变化的一致性。2.7 Ma 以来东西赤道太平洋 SST 梯度的逐渐增大与晚上新世 NHG 以及全球持续变冷有关(Ravelo et al.，2004)。温度梯度的加大引起 Walker 环流增强，东太平洋的上升流活动持续增强，并导致东太平洋的温跃层持续变浅，进一步加大了东西赤道太平洋的 SST 梯度。在这种正反馈机制的影响下，至 1.7 Ma，赤道太平洋的气候由持久的 El Niño 状态过渡到现代气候状态(Wara et al.，2005)，形成东西赤道太平洋 SST 分布与温跃层深度的不对称格局。

现代观测发现，厄尔尼诺或拉尼娜现象发生时，东西赤道太平洋的 SST 和温跃层深度呈"跷跷板"式的变化，即一边变冷或温跃层变浅时，另一边必定变暖、温跃层变深。但在轨道尺度上，东西太平洋 SST 的变化却表现出与"跷跷板"式变化不同的特点。1 Ma 以来 WEP 806 站更高分辨率 SST 记录(Medina-Elizalde and Lea，2005)与 EEP 846 站 SST (Lawrence et al.，2006)的连续交叉频谱分析显示无论是在显著的斜率和偏心率周期还是较弱的岁差周期上两站 SST 变化均都高度相关(图 5 - 12a)。不仅如此，它们在 41-kyr 和 100-kyr 周期上的相位差也表现出异常的稳定性(图 5 - 12b)。谱分析的结果说明上新世至更新世东西赤道太平洋的 SST 变化具有相似的冰期—间冰期(4 万年及 10 万年)旋回，尽管在幅度上有所差异，但在时间上却表现出异常的相似性。推测晚上新世以来在冰期—间冰期尺度上，由于时间尺度较长海水的温度变化是非绝热过程(Fedorov et al.，2006)，东西太平洋温跃层深度的变化可能是整体垂直方向上的同步运动。

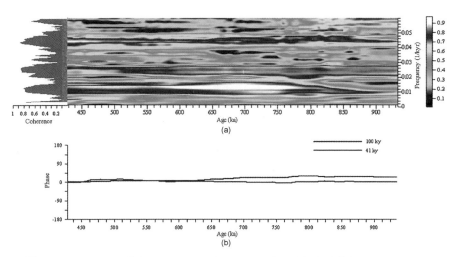

图 5‑12　ODP 806 站（Medina-Elizalde and Lea，2005）与 846 站（Lawrence et al.，
2006）SST 交叉频谱

（a）相关系数谱；（b）100-kyr 和 41-kyr 周期成分的相位差

5.4.5　斜率变幅驱动的气候转型

晚上新世气候转型（3.2—2.7 Ma）之后北半球冰盖大规模扩张，冰盖体积和热带 SST 变化周期都开始显示强烈的 41-kyr 斜率周期。中更新世气候转型（MPT）（1.2—0.8 Ma）之后，冰盖变化的 100-kyr 周期成为气候变化的主要特点。通过对比发现，1.9—1.7 Ma 时高低纬度 SST 差异增大（图 5-6），EEP 冷舌正式形成（Martinez-Garcia et al.，2010）是大洋环流改组和全球气候变化的另一重要时段。这些气候转型与板块运动等构造因素（如中美洲海道、印尼海道关闭）（Sarnthein et al.，2009；Driscoll and Haug，1998；Cane and Molnar，2001）有密切联系。但轨道驱动也可能在气候转型中起重要作用。WEP 806 站 SST 演化谱显示 41-kyr 周期强度变化呈阶段性变化（图 5-9b）。41-kyr 周期强度最弱时正好对应斜率变化幅度最小。806 站 SST 变化与斜率变化幅度基本成正相关关系：当斜率变化幅度增大时，SST 升高，而斜率变化幅度小时,SST 降低(图 5 - 13)。2.7 Ma NHG 开始时,斜率的变幅达到最小,而 806 站 SST 和 846 站 SST、$\delta^{18}O$ 的 41-kyr 周期强度几乎同时增强。1.9—1.7 Ma 时斜率的变化幅度再次达到最小,同时 806、846 和 1090 站 SST 的 41-kyr 周期进一步加强。1.0—0.8 Ma 当斜率的变化幅度第三次达到最小值时,气候变化的轨道周期由 41-kyr 变为 100-kyr。Huybers(2006)认为 MPT 前冰盖变化受斜率周期控制,而 MPT 后,由于气候变冷和冰盖体积的增大,冰盖的建造时间可以拖长到 2~3 个斜率周期。夏季太阳累积辐射量每隔 80 kyr(2 个斜率周期)或 120 kyr(3 个斜率周期)才能造成一次冰盖的快速消亡(冰消期),因此冰盖变化的平均周期为 100-kyr。不仅如此,更新世以来 $\delta^{18}O$ 的变化速率($d\delta^{18}O/dt$)也以 41-kyr 斜率周期为主。可见冰盖变化的 100-kyr 周期可能仍旧受地球斜率周期控制。地质记录显示当斜率的变化幅度变小时,地球气候会出现变冷事件。例如始新世—渐新世之交(34 Ma)时的

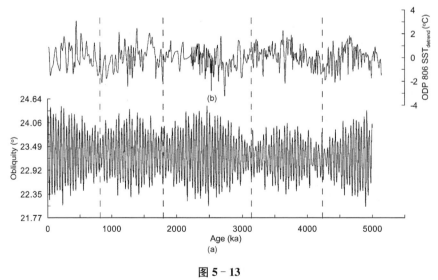

图 5 - 13

(a) 地球斜率变化(Laskar et al.,2004);(b) ODP 806 站 SST 减去六阶多项式拟合长期趋势后的剩余量。虚线表示地球斜率变化幅度最小的时间段

变冷事件 Oi‑1 和渐新世—中新世之交(23 Ma)的变冷事件 Mi‑1(Miller et al.，1991)指示了东南极冰盖两次大规模的扩张,在时间上正好对应斜率变化幅度的最小值(Zachos et al.，2001b；Pälike et al.，2006)。除此之外,底栖有孔虫 $\delta^{18}O$ 记录反映渐新世内还有一系列的变冷事件与斜率变化幅度最小值对应(Pälike et al.，2006)。地球的斜率控制着太阳辐射量的纬度和季节分配,当斜率增大时,高纬的年平均太阳辐射量和夏季太阳辐射量都会增加,而当斜率较小时,高纬的太阳辐射量则会减小(Ruddiman，2001)。当斜率的变化幅度小时,高低纬度的年平均太阳辐射量的变化幅度都变小(图 5‑14),可能是促使气候变冷的物理机制。

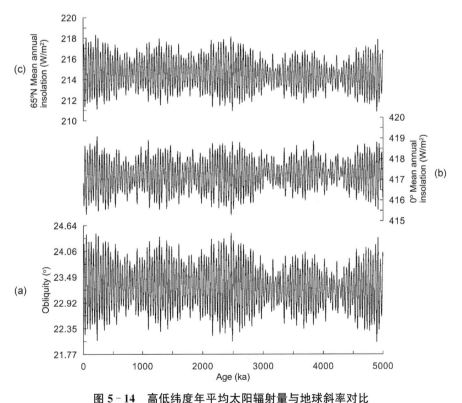

图 5‑14　高低纬度年平均太阳辐射量与地球斜率对比

(a) 地球斜率变化(Laskar et al.，2004);(b) 0°年平均年太阳辐射量;(c) 65°N 年平均年太阳辐射量

综上所述,晚上新世以来 3.2—2.7 Ma,1.9—1.7 Ma,1.2—0.8 Ma 地球斜率变化幅度三次达到最小,驱动了北半球冰盖的逐步增长,也使高低纬度的温差增大,温跃层变浅,赤道太平洋"西暖池"、"东冷舌"不对称状态的确立。当冰盖体积足够大时最终促使气候系统转型到 100-kyr 周期的典型冰期—间冰期旋回。

5.5　气候转型与碳循环

5.5.1　CO_2 估计

80 万年的冰芯气泡二氧化碳(pCO_2)记录(Petit et al.,1999;Siegenthaler et al.,2005;Lüthi et al.,2008)与 $\delta^{18}O$ 有很好的对应关系,说明 CO_2 和碳循环在冰期—间冰期旋回中起重要作用(Toggweiler and Lea,2010)。受记录长度限制,目前还无法准确了解 MPT 之前大气 CO_2 的变化情况,只能通过沉积物中有机碳的碳同位素($\delta^{13}C_{org}$)(Pagani et al.,2010)或者硼同位素($\delta^{11}B$)(Pearson and Palmer,2000;Hönisch et al.,2009),B/Ca 比值(Tripati et al.,2009)等间接指标推测更老地质年代的 pCO_2 变化。这些方法的时间分辨率较低,还不能用于研究轨道尺度上的碳循环变化。Lisiecki(2010a)发现利用北大西洋,南大洋和太平洋底栖有孔虫 $\delta^{13}C$ 可以很好拟合 80 万年来的 pCO_2 记录,并由此根据 $\delta^{13}C$ 可以推算 MPT 之前更高分辨率 CO_2 的变化。本文按照 Lisiecki(2010a)的方法,使用合成的北大西洋($\delta^{13}C_{NA}$),南大洋($\delta^{13}C_{SO}$),太平洋记录($\delta^{13}C_{PO}$)(图 5 - 4)进行了类似的拟合工作。Lisiecki(2010a)发现 $\delta^{13}C_{PO}$,$\delta^{13}C_{PO}$ 和 $\delta^{13}C_{NA}$ 差值($\Delta\delta^{13}C_{PO-NA}$)的平均值,即 $(1/2) * (\delta^{13}C_{PO} + \delta^{13}C_{PO} - \delta^{13}C_{NA}) = \Delta\delta^{13}C_{PO-NA/2}$ 与 pCO_2 的

线性拟合程度最高（$r = 0.75$）。由于站位选择的差异，本文使用同样的方法拟合效果并不理想（$r = 0.59$），而使用 $\delta^{13}C_{SO}$ 与 $\delta^{13}C_{PO}$ 的平均值（$\delta^{13}C_{(SO+PO)/2}$）拟合的效果却更好（$r = 0.78$），因此这里利用 $\delta^{13}C_{(SO+PO)/2}$ 计算了早上新世以来的 pCO_2 记录（图 5 - 15）。CO_2 80 万年来的冰期—间冰期变化都能用 $\Delta\delta^{13}C_{(SO+PO)/2}$ 很好的拟合，特别是冰期时的 pCO_2 除深海氧同位素 2～3 期（MIS 2 - 3）外其他都与地质记录差别很小，但在间冰期 MIS 9，13，17 时的差别相对较大（图 5 - 15c）。2 Ma 以来的拟合结果与低分辨率的 $\delta^{11}B$ 重建结果（Hönisch et al.，2009）一致，大气 CO_2 冰期—间冰期的变化幅度基本相当，pCO_2 的平均值也在合理范围之内（图 5 - 15b）。3 Ma 之前的 pCO_2 的平均值与 Tripati et al.（2009）重建记录更接近，但明显低于 Pagani et al.（2010）的重建记录。由于不同重建指标间的巨大差异，目前还无法确认早上新世拟合 pCO_2 数据的有效性。

5.5.2　CO_2 与气候转型

基于 pCO_2 拟合数据能够真实反映大气 CO_2 演变历史的前提下，可以发现 4 Ma 以来大气 CO_2 表现出阶梯式的下降过程：2.9 Ma 之前 pCO_2 的平均值基本保持 270×10^{-6} 的稳定状态，2.9—2 Ma pCO_2 逐步降低至 243×10^{-6}，2—1.5 Ma pCO_2 保持稳定，1.5—0.8 Ma 降低至 230×10^{-6} 后维持稳定。pCO_2 逐步降低的过程与之前讨论的气候转型在时间上基本吻合，暗示在斜率变化幅度的外部驱动下，大气 CO_2 可能是驱动气候转型的内在驱动力。根据 Lunt et al.（2008）的数值模拟结果，可以认为 pCO_2 从 2.9 Ma 开始逐步下降，在 2.7 Ma 降低到足够低时促进了北半球冰盖的大规模扩张，1.5—0.8 Ma pCO_2 进一步降低使高低纬度 SST 差异进一步增大，东西太平洋 SST 不对称状态最终确立，至 0.8 Ma 时，pCO_2 降到最低而使冰盖体积增大到一定临界值，建造时间可以跨越

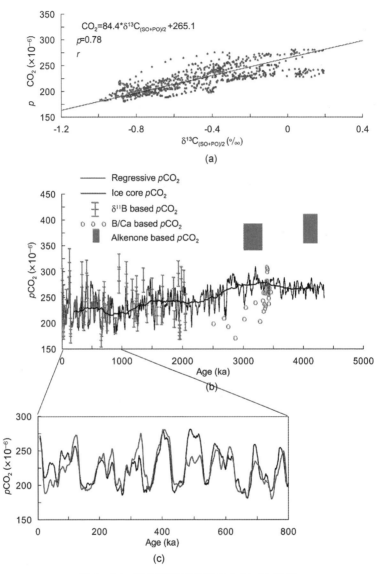

图 5-15　早上新世以来拟合大气 CO$_2$ 数据

（a）南大洋与太平洋底层水 δ^{13}C 平均值 δ^{13}C$_{(SO+PO)/2}$ 和冰芯气泡 CO$_2$ 数据（Petit et al.，1999；
Siegenthaler et al.，2005；Lüthi et al.，2008）散点图，其中红线为线性拟合曲线，相关系数 r =
0.78；（b）CO$_2$ 拟合曲线与冰芯记录和其他指标重建记录对比。其中，黑色曲线为拟合 CO$_2$ 数据的
400-kyr 时间窗口滑动平均。δ^{11}B 重建数据来源自 Hönisch et al.，2009。B/Ca 比值重建数据来
源自 Tripati et al.，2009。橘黄色方框表示 3—3.3 Ma 和 4—4.2 Ma 基于烯酮 δ^{13}C 重建的 CO$_2$ 记
录（Pagani et al.，2010）；（c）80 万年以来拟合 CO$_2$ 数据与冰芯气泡 CO$_2$ 记录的放大图

2~3 个斜率周期,而使气候系统进入到以 100-kyr 周期为主的冰期—间冰期旋回。

考虑到 $\delta^{13}C_{SO}$ 的 pCO_2 拟合结果能与地质记录很好对应,说明南大洋底层水 $\delta^{13}C$ 可以灵敏的反映大洋碳储库变化。南大洋的物理变化被认为是大气 CO_2 变化的重要原因(Toggweiler,1999,2008;Toggweiler et al.,2006;Anderson et al.,2009),风场变化和通风条件的变化可以将底层水中的 CO_2 释放到大气中,同时底层水的 $\delta^{13}C$ 也会改变。因此南大洋底层水 $\delta^{13}C$ 可能是研究地质历史大气 CO_2 和碳循环的重要桥梁。

5.5.3　SST 与碳储库变化的偏心率长周期

演化谱结果显示高低纬度 SST 都具有较强的 400-kyr 周期(图 5-9)。大西洋和印度洋其他低纬站位 SST 也都具有明显的 400-kyr 周期(Herbert et al.,2010)。846 站 SST 的 400-kyr 周期几乎与偏心率长周期同相变化:偏心率高(低)值期对应 SST 升高(降低)(图 5-16a),这种变化与全球年平均太阳辐射量相位一致(图 5-16b)。但是全球年平均太阳辐射量的变化非常微小,振幅不到 0.6 W/m^2,并不足以引起 SST>0.5℃ 的变化。很多地质记录显示偏心率长周期最小值时会发生全球性的变冷事件(Miller et al.,1991;Pälike et al.,2006;Zachos et al.,2001b)。这些变冷事件可能与碳循环存在联系。季风风化引起大气 CO_2 的 400-kyr 周期变化可能是解释 SST 记录中偏心率长周期的原因。本书第 3 章数值模拟结果说明,当偏心率高值期时,岁差调控的季风强盛,大幅度的干湿变化使物理风化和化学风化交替进行,有利于河流向海洋输入大量的溶解无机碳和碱度,从而造成大量碳酸盐在浅海沉积,大量的碳酸盐沉积又会释放大量的 CO_2 到大气当中,从而引起温度升高。当偏心率处于低值期时,太阳辐射量变化幅度小,季风减弱,浅海碳酸盐沉积减少而造成大气 CO_2 浓度和温度降低。

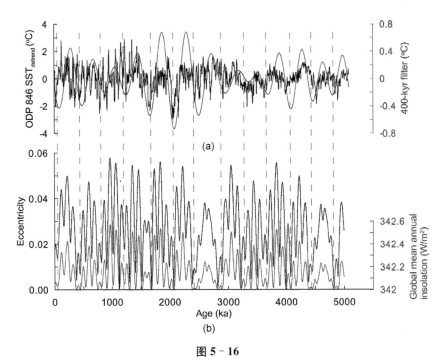

图 5 - 16

(a) ODP 846 站 SST 减去六阶多项式拟合长期趋势后的剩余量(黑色)及其 400-kyr 周期滤波(蓝色);(b) 地球轨道偏心率参数(黑色)(Laskar et al., 2004)和全球年平均太阳辐射量(紫色)。虚线表示地球斜率变化幅度最小的时间段

5.6 本 章 小 结

(1) 晚上新世以来,地球气候系统经历了北半球冰盖扩张(约 2.7 Ma)、高低纬度 SST 差异增大和东西太平洋不对称状态形成(约 1.7 Ma)、冰期—间冰期变化周期由 41-kyr 向 100-kyr 转变(约 0.8 Ma)三次重大的气候转型。

(2) 2.7 Ma 之后赤道太平洋的 SST 和全球冰量变化以 41-kyr 的斜率周期为主。由于累积太阳辐射量和年均辐射量以斜率周期为主,月均太阳辐射量除高纬冬季外以岁差周期为主,因此,气候变化的外部主导因素是太阳的累积辐射量或年均辐射量而非日平均或月平均辐射量。

（3）影响斜率周期上赤道太平洋 SST 变化的外部强迫应是高纬而非低纬地区的累积太阳辐射量。高纬太阳辐射、冰盖变化和赤道太平洋的 SST 在斜率周期上的相关性反映了高纬与低纬气候变化的密切联系。

（4）2.7 Ma 之后，东西赤道太平洋的 SST 在显著的斜率和偏心率周期以及较弱的岁差周期上均表现出相似的变化规律。上新世至更新世东西赤道太平洋的 SST 变化具有相似的冰期—间冰期旋回，尽管在幅度上有所差异，但在时间上却表现出异常的相似性，推测晚上新世以来，在冰期—间冰期尺度上，东西太平洋温跃层深度的变化可能是整体垂直方向上的同步运动。

（5）2.7 Ma 之后，南大洋环流系统发生了重大变化，现代极锋系统开始形成。SAMW，AAIW 和 AABW 可能同时加强。海洋东边界上升流同时加强。SAMW 和 AAIW 向低纬流动造成了海洋东边界上升流区生产力提高。

（6）1.7 Ma 之后，高低纬度 SST 差异增大促进了北半球冰盖的进一步发展，东西太平洋不对称状态正式确立，冰盖驱动的 41-kyr 周期进一步加强。0.8 Ma 冰盖体积增大到某一临界值后，建造时间可以跨越 2～3 个斜率周期，而使气候系统进入到以 100-kyr 周期为主的冰期—间冰期旋回。

（7）晚上新世以来气候系统的 3 次转型在时间上对应斜率变化幅度最小期。斜率的变化幅度可能是驱动气候转型的外部强迫，而大气 CO_2 则可能是驱动气候转型的内在驱动力。

（8）南大洋是引起大气 CO_2 变化的重点区域，南大洋底层水 $\delta^{13}C$ 变化可能灵敏地记录了大洋碳循环的信息。

（9）SST 的 400-kyr 周期可能与碳循环有关。季风风化造成浅水碳酸盐沉积变化引起 CO_2 的 400-kyr 周期变化，并进一步引起 SST 的变化。

第6章
结论与展望

　　本论文开发了包括 6 个海洋箱体的箱生物地球化学模型。每个箱体都具有溶解有机碳（DIC）、碱度（ALK）、磷酸盐（PO_4^{3-}）等变量。在不同的大洋环流格局下，可以模拟大洋碳储库（DIC，ALK，$\delta^{13}C$）和冰盖对轨道驱动的响应以及高纬过程与热带过程相互作用。

　　中新世气候适宜期（MCO，17—14 Ma）$\delta^{13}C$ 模拟结果显示了极强的40 万年周期。40 万年周期成因与大洋碳储库＞10 万年的长滞留时间有关。在 ETP 驱动下，河流输入的 DIC 和 ALK 控制着 $\delta^{13}C$ 的一阶变化，并引起表层水和底层水 $\delta^{13}C$ 同步变化。偏心率处于高值期时，季风的变化幅度大，物理和化学风化增强，河流输入的 DIC 和 ALK 增加，造成大洋整体碳酸盐埋藏增加但主要以浅海碳酸盐沉积形式保存，表层和底层水 $\delta^{13}C$ 同时变轻，而与之同步的 PO_4^{3-} 输入促进了表层生产力和有机碳埋藏增加。$\delta^{13}C$ 变化主要受无机碳与有机碳埋藏比例控制。无机碳相对有机碳埋藏增加（减少）时，$\delta^{13}C$ 变轻（变重）。ETP 是驱动大洋碳储库及其 40 万年周期的外部强迫。模拟结果显示 $\delta^{13}C$ 的 40 万年周期是大洋碳循环对热带过程的响应。

　　模型中加入冰盖、海冰和大气模式后成功模拟了冰盖的非对称型变化和 10 万年周期。冰盖变化的 10 万年周期和非对称形态可能是受气候系统的内反馈机制控制。北半球高纬海冰面积的快速扩张与消亡对应着冰消期的开始与结束。轨道驱动可以通过非线性相位锁定机制使冰盖变化与其在相位上保持一致。海冰和冰盖变化可以改变大洋环流的格局。海冰的阻隔效应使大气 CO_2 在冰消期时升高。冰期时大洋环流减弱使大气 CO_2 逐渐降低。如果大气 CO_2 的冰期—间冰期旋回由南大洋的通风状态控制,南大洋的水体交换必须非常充分,底层水和表层水要充分混合。冰盖变化引起洋流的改组可以导致由热带季风风化过程引起的 40 万年周期的减弱,而反映高纬冰盖信息的 10 万年周期加强。模拟结果还显示 $\delta^{13}C$ 与偏心率长周期的相位关系也会因冰盖变化而发生改变。

晚上新世以来,高低纬度 SST 记录显示地球气候系统经历了北半球冰盖扩张,4 万年斜率周期加强;SST 差异增大和东西太平洋不对称状态形成;冰期—间冰期变化周期由 4 万年向 10 万年转变三次重大的气候转型。2.7 Ma 之后赤道太平洋的 SST 和全球冰量变化以 4 万年的斜率周期为主。根据太阳辐射量计算公式发现地质记录中 4 万年周期的外部因素是太阳的累积辐射量或年均辐射量而非日平均或月平均辐射量。影响斜率周期上赤道太平洋 SST 变化的外部强迫应是高纬而非低纬地区的累积太阳辐射量。高纬太阳辐射量、冰盖变化和赤道太平洋的 SST 在斜率周期上的相关性反映了高纬与低纬气候变化的遥相关。在 4 万年和 10 万年的冰期—间冰期尺度上,东西太平洋温跃层深度的变化可能是整体垂直方向上的同步运动。2.7 Ma 之后,大洋环流也发生了重要改组。南大洋底层水 $\delta^{13}C$ 迅速变轻,说明南大洋环流系统发生了重大变化,现代极锋系统开始形成,亚南极模态水(SAMW)、南极中层水(AAIW)和南极底层水(AABW)可能同时加强,海洋东边界上升流也在同时加强。SAMW 和 AAIW 向低纬流动造成了海洋东边界上升流区生产力提高。1.7 Ma 之后,高低纬度 SST 差异增大促进了北半球冰盖的进一步发展，东西太平洋不对称状态正式确立，冰盖驱动的 4 万年周期进一步加强。0.8 Ma 冰盖体积增大到某一临界值后，建造时间可以跨越 2~3 个斜率周期，而使气候系统进入到以 10 万年周期为主的冰期—间冰期旋回。

晚上新世以来气候系统的 3 次转型在时间上对应斜率变化幅度最小期。斜率的变化幅度可能是驱动气候转型的外部强迫，而大气 CO_2 在转型期过程中也表现出阶梯式的下降，可能是驱动气候转型的内在驱动力。南大洋是引起大气 CO_2 变化的重点区域，南大洋底层水 $\delta^{13}C$ 变化可能灵敏地记录了大洋碳循环的信息。

SST 的 400-kyr 周期可能与碳循环的热带过程有关。当偏心率高值期时，岁差调控的季风强盛，有利于河流向海洋输入大量的溶解无机碳和碱度，造成大量碳酸盐在浅海沉积，释放大量的 CO_2 到大气当中，从而引起温度升高。当偏心率低值期时，太阳辐射量变化幅度小，季风减弱，浅海碳酸盐沉积减少而造成大气 CO_2 浓度和温度降低。

本论文提出了晚上新世以来气候系统的 3 次转型可能是由斜率变化的 1.2-Myr 周期驱动。目前已有一些概念模型和具有物理意义的箱式模型能够模拟冰盖在转型期内的周期性变化（e. g. Paillard，1998；Paillard and Parrenin，2004；Tziperman and Gildor，2003）。这些模型都是通过非线性相位锁定机制使冰盖变化与轨道驱动在相位上保持一致（Tziperman et al.，2006），需要在模型中设置一些临界值，一些参数还需要随时间变化才能得到正确的气候转型结果。而这些参数随时间变化的机制还不清楚，很有可能是由更长尺度的轨道周期（如 1.2-Myr 斜率周期，2.4-Myr 偏心率周期）所控制。在下一步模拟研究中还需要考虑气候参数对更长时间尺度轨道周期的响应。

本书的模型中，河流输入的 $\delta^{13}C$ 是固定的，不随硅酸盐和碳酸盐风化输入比例变化。实际河流输入的碳酸盐风化 DIC 中一部分 $\delta^{13}C$ 来自

大气 CO_2，另一部分 DIC 来自碳酸盐岩，而硅酸盐风化 DIC 则全部来自大气 CO_2。二者风化比例的改变会引起河流输入 $\delta^{13}C$ 的变化。模型如何客观表达不同的风化过程对河流输入 $\delta^{13}C$ 的影响也是下一步研究需要考虑的问题。

模型中生物泵由两部分组成：碳酸盐泵和有机碳泵。其中，有机碳泵的过程是表层水体中初级生产力通过光合作用将 DIC 合成为 POC，POC 沉降到深层水体中时大部分发生再矿化作用后进入海水 DIC 库，只有很少一部分能到达海底并被埋藏保存。有机碳泵描述了无机碳和有机碳的相互联系，但实际海水中的有机碳大绝大部分是溶解有机碳（DOC），POC 只占很少比例（Hedges，1992）。近年来的研究发现，DOC 中很大一部分是惰性溶解有机碳（RDOC）。RDOC 产生与微型生物息息相关，可以来源于细菌代谢产物、微型生物被病毒裂解后的产物和 POC 被细菌分解后的产物等（Jiao et al.，2010）。RDOC 产生后很难再被其他生物利用，在海水中的滞留时间可长达 4 000～6 000 年（Bauer et al.，1992），最后是通过洋流进入表层水体后经光照分解为 DIC。RDOC 已被认为是海洋中一种重要的储碳手段，形成过程被称为微型生物碳泵（Jiao et al.，2010）。微型生物碳泵与经典有机碳泵相比，储碳效率更高，在贫营养海区和整个水柱深度内都能发挥作用。

除海水中的微型生物产生 DOC 外，海洋之下的洋壳内还存在一个生物量巨大的底部生物圈。洋壳中含有的水量可能和全大洋海水体积相当，水体的循环时间可能长达 70 000 年（Wheat et al.，2003）。在洋壳含水层内生活的微生物也可以产生大量的 DOC 并通过海底热液喷口释放到大洋中（McCarthy et al.，2011）。海底天然气水合物中生长的微生物能将甲烷气体合成为 DOC 释放到海水中（Pohlman et al.，2011）。由底部生物圈释放的 DOC 性质与底层海水自身的背景 DOC 性质明显不同，年龄更老，$\delta^{13}C$ 更轻，因此底部生物圈在大洋碳循环中也起重要作用。

深海有孔虫 $\delta^{13}C$ 记录中发现的跨越冰期旋回的长周期与 DOC 是否存在联系还有待进一步研究。数值模拟的难点在于目前还不十分清楚 DOC 的源与汇及其中间过程的通量。如果已知 DOC 的循环机理和通量,数值模拟方法可以判断其在碳循环中所起作用的大小,也可以为计算某些关键过程的通量提供帮助。

参考文献

[1] Anderson R F, Ali S, Bradtmiller L I, et al. Wind-driven upwelling in the Southern Ocean and the deglacial rise in atmospheric CO_2 [J]. Science, 2009, 323 (5920): 1443 - 1448.

[2] Barker S, Archer D, Booth L, et al. Globally increased pelagic carbonate production during the Mid-Brunhes dissolution interval and the CO_2 paradox of the MIS 11[J]. Quat. Sci. Rev, 2006, 25 (23 - 24): 3278 - 3293.

[3] Bauer J E, Williams P M, Druffel E R M. [14]C activity of dissolved organic carbon fractions in the north-central Pacific and Sargasso Sea[J]. Nature, 1992, 357 (6380): 667 - 670.

[4] Beaufort L, de Garidel-Thoron T, Mix A C, et al. ENSO-like forcing on oceanic primary production during the Late Pleistocene[J]. Science, 2001, 293 (5539): 2440 - 2444.

[5] Beaufort L, Lancelot Y, Camberlin P, et al. Insolation cycles as a major control equatorial Indian Ocean primary production[J]. Science, 1997, 278 (5342): 1451 - 1454.

[6] Bender M, Sowers T, Labeyrie L. The Dole effect and its variations during the last 130 000 years as measured in the Vostok ice core[J]. Global Biogeochem, 1994, Cycles 8 (3): 363 - 376.

［7］ Berger A. Long-term variations of daily insolation and Quaternary climatic changes［J］. Journal of the Atmospheric Sciences，1978，35（12）：2362 - 2367.

［8］ Berger A. Milankovitch theory and climate［J］. Rev. Geophys. ，1988，26 （4）：624 - 657.

［9］ Billups K. Late Miocene through early Pliocene deep water circulation and climate change viewed from the sub-Antarctic South Atlantic ［J］. Palaeogeogr Palaeocl，2002，185（3 - 4）：287 - 307.

［10］ Blackman R B，Tukey J W. The measurement of power spectra from the point of view of communication engineering［J］. Bell Labs Technical Journal，1958，37(2)：485 - 569.

［11］ Braconnot P，Otto-Bliesner B，Harrison S，et al. Results of PMIP2 coupled simulations of the Mid-Holocene and Last Glacial Maximum-Part 1：experiments and large-scale features［J］. Clim. ，2007，Past 3（2）：261 - 277.

［12］ Brierley C M，Fedorov A V. Relative importance of meridional and zonal sea surface temperature gradients for the onset of the ice ages and Pliocene-Pleistocene climate evolution［J］. Paleoceanography，2010，25，PA2214. doi：10. 1029/2009PA001809.

［13］ Brierley C M，Fedorov A V，Liu Z H，et al. Greatly expanded tropical warm pool and weakened Hadley circulation in the early Pliocene［J］. Science，2009，323（5922）：1714 - 1718.

［14］ Broecker W S. Glacial to interglacial changes in ocean chemistry［J］. Prog. Oceanogr. ，1982，11（2）：151 - 197.

［15］ Broecker W S. The great ocean conveyor［J］. Oceanography，1991，4（2）：79 - 89.

［16］ Broecker W S，Peacock S L，Walker S，et al. How much deep water is formed in the Southern Ocean？［J］. J Geophys Res-Oceans，1998，103

(C8)：15833 – 15843.

[17] Broecker W S, Peng T-H. Tracers in the sea[M]. New York：Eldigio Press Palisades，1982，690.

[18] Broecker W S, Peng T-H. The role of $CaCO_3$ compensation in the glacial to interglacial atmospheric CO_2 change[J]. Global Biogeochem. Cycles，1987，1(1)：15 – 29.

[19] Brook E J, Sowers T, Orchardo J. Rapid variations in atmospheric methane concentration during the past 110,000 years[J]. Science，1996，273 (5278)：1087 – 1091.

[20] Bryan K. A numerical method for the study of the circulation of the world ocean[J]. J. Comput. Phys.，1969，4 (3)：347 – 376.

[21] Burton K W, Ling H F, ONions R K. Closure of the Central American Isthmus and its effect on deep-water formation in the North Atlantic[J]. Nature，1997，386 (6623)：382 – 385.

[22] Cane M A, Molnar P. Closing of the Indonesian seaway as a precursor to east African aridification around 3 – 4 million years ago[J]. Nature，2001，411 (6834)：157 – 162.

[23] Clemens S C, Tiedemann R. Eccentricity forcing of Pliocene early Pleistocene climate revealed in a marine oxygen-isotope record[J]. Nature，1997，385 (6619)：801 – 804.

[24] Clift P D. Controls on the erosion of Cenozoic Asia and the flux of clastic sediment to the ocean[J]. Earth Planet. Sci. Lett.，2006，241 (3 – 4)：571 – 580.

[25] Clift P D, Plumb R A. The Asian monsoon：causes, history and effects [M]. Cambridge, UK：Cambridge University Press，2008，270.

[26] Collins W D, Bitz C M, Blackmon M L, et al. The Community Climate System Model version 3 (CCSM3)[J]. J Climate，2006，19 (11)：2122 – 2143.

[27] Cortese G, Gersonde R, Hillenbrand C D, et al. Opal sedimentation shifts in the World Ocean over the last 15 Myr. Earth Planet[J]. Sci. Lett. , 2004, 224 (3 - 4): 509 - 527.

[28] Courtillot V, Gallet Y, Le Mouel J L, et al. Are there connections between the Earth's magnetic field and climate? [J]. Earth Planet. Sci. Lett. , 2007, 253 (3 - 4): 328 - 339.

[29] Cramer B S, Toggweiler J R, Wright J D, et al. Ocean overturning since the Late Cretaceous: Inferences from a new benthic foraminiferal isotope compilation [J]. Paleoceanography, 2009, 24 (4), PA4216. doi: 10. 1029/2008PA001683.

[30] Cramer B S, Wright J D, Kent D V, et al. Orbital climate forcing of $\delta^{13}C$ excursions in the late Paleocene-early Eocene (chrons C24n - C25n). Paleoceanography, 2003, 18 (4), 1097. doi: 10. 1029/2003PA000909.

[31] Curry W B, Oppo D W. Glacial water mass geometry and the distribution of δ^{13} C of $\sum CO_2$ in the western Atlantic Ocean[J]. Paleoceanography, 2005, 20 PA1017. doi: 10. 1029/2004PA001021.

[32] Diester-Haass L, Billups K, Gröcke D R, et al. Mid-Miocene paleoproductivity in the Atlantic Ocean and implications for the global carbon cycle [J]. Paleoceanography, 2009, 24 (1), PA1209. doi: 10. 1029/2008PA001605.

[33] Doney S C, Lima I, Lindsay K, et al. Marine biogeochemical modeling: Recent advances and future challenges[J]. Oceanography, 2001, 14: 93 - 107.

[34] Dowsett H, Barron J, Poore R. Middle Pliocene sea surface temperatures: a global reconstruction[J]. Mar. Micropaleontol. , 1996, 27 (1 - 4): 13 - 25.

[35] Driscoll N W, Haug G H. A short circuit in thermohaline circulation: A cause for northern hemisphere glaciation? [J]. Science, 1998, 282 (5388): 436 - 438.

[36] Emerson S, Hedges J. Chemical oceanography and the marine carbon cycle [M]. Cambridge: Cambridge University Press, 2008, 453.

[37] Etourneau J, Martinez P, Blanz T, et al. Pliocene-Pleistocene variability of upwelling activity, productivity, and nutrient cycling in the Benguela region [J]. Geology, 2009, 37 (10): 871 – 874.

[38] Etourneau J, Schneider R, Blanz T, et al. Intensification of the Walker and Hadley atmospheric circulations during the Pliocene-Pleistocene climate transition[J]. Earth Planet. Sci. Lett., 2010, 297 (1 – 2): 103 – 110.

[39] Fedorov A V, Brierley C M, Emanuel K. Tropical cyclones and permanent El Niño in the early Pliocene epoch[J]. Nature, 2010, 463 (7284): 1066 – 1070.

[40] Fedorov A V, Dekens P S, McCarthy M, et al. The Pliocene paradox (mechanisms for a permanent El Niño)[J]. Science, 2006, 312 (5779): 1485 – 1489.

[41] Flower B P, Kennett J P. Middle Miocene ocean-climate transition: High-resolution oxygen and carbon isotopic records from Deep Sea Drilling Project Site 588A, Southwest Pacific[J]. Paleoceanography, 1993, 8 (6): 811 – 843.

[42] Flower B P, Kennett J P. The middle Miocene climatic transition: East Antarctic ice sheet development, deep ocean circulation and global carbon cycling[J]. Palaeogeogr. Palaeoclimatol. Palaeoecol., 1994, 108 (3 – 4): 537 – 555.

[43] Gherardi J M, Labeyrie L, Nave S, et al. Glacial-interglacial circulation changes inferred from ^{231}Pa/^{230}Th sedimentary record in the North Atlantic region [J]. Paleoceanography, 2009, 24, PA2204. doi: 10.1029/ 2008PA001696.

[44] Ghil M, Allen M R, Dettinger M D, et al. Advanced spectral methods for climatic time series [J]. Rev. Geophys., 2002, 40 (1), 10.1029/

2000RG000092.

[45] Gildor H，Tziperman E. Sea ice as the glacial cycles' climate switch：Role of seasonal and orbital forcing[J]. Paleoceanography，2000，15 (6)：605 – 615.

[46] Gildor H，Tziperman E. A sea ice climate switch mechanism for the 100 – kyr glacial cycles. J[J]. Geophys. Res. ，2001，106 (C5)：9117 – 9133.

[47] Gildor H，Tziperman E，Toggweiler J R. Sea ice switch mechanism and glacial-interglacial CO_2 variations[J]. Global Biogeochem，2002，Cycles 16 (3)，1032. doi：10. 1029/2001GB001446.

[48] Griffiths M L，Drysdale R N，Gagan M K，et al. Increasing Australian-Indonesian monsoon rainfall linked to early Holocene sea-level rise[J]. Nature Geosci，2009，2(9)：636 – 639.

[49] Grinsted A，Moore J C，Jevrejeva S. Application of the cross wavelet transform and wavelet coherence to geophysical time series[J]. Nonlin. Processes Geophys. ，2004，11 (5/6)：561 – 566.

[50] Guo Z T，Sun B，Zhang Z S，et al. A major reorganization of Asian climate by the early Miocene[J]. Clim. ，2008，Past 4 (3)：153 – 174.

[51] Hönisch B，Hemming N G，Archer D，et al. Atmospheric carbon dioxide concentration across the Mid-Pleistocene transition[J]. Science，2009，324 (5934)：1551 – 1554.

[52] Hasselmann K. The climate change game[J]. Nature Geosci，2010，3 (8)：511 – 512.

[53] Haug G H，Sigman D M，Tiedemann R，et al. Onset of permanent stratification in the subarctic Pacific Ocean[J]. Nature，1999，401 (6755)：779 – 782.

[54] Haug G H，Tiedemann R. Effect of the formation of the Isthmus of Panama on Atlantic Ocean thermohaline circulation[J]. Nature，1998，393 (6686)：673 – 676.

[55] Hays J D，Imbrie J，Shackleton N J. Variations in the Earth's orbit：

Pacemaker of the ice ages[J]. Science, 1976, 194 (4270): 1121 - 1132.

[56] Haywood A M, Dowsett H J, Valdes P J, et al. Introduction. Pliocene climate, processes and problems[J]. Philos T R Soc A, 2009, 367 (1886): 3 - 17.

[57] Haywood A M, Valdes P J, Sellwood B W. Global scale palaeoclimate reconstruction of the middle Pliocene climate using the UKMO GCM: initial results[J]. Global Planet, 2000, Change 25 (3 - 4): 239 - 256.

[58] Hedges J I. Global biogeochemical cycles: progress and problems[J]. Mar. Chem. , 1992, 39 (1 - 3): 67 - 93.

[59] Herbert T D, Peterson L C, Lawrence K T, et al. Tropical ocean temperatures over the past 3. 5 Million years [J]. Science, 2010, 328 (5985): 1530 -1534.

[60] Hodell D A, Venz K. Towards a high-resolution stable isotopic record of the Southern Ocean during the Pliocene-Pleistocene (4. 8 - 0. 8 Ma) [C]//The Antarctic paleoenvironment: A perspective on global change. Antarct. Res. Ser. AGU, Wsahington, DC, 1992, 56: 265 - 310.

[61] Holbourn A, Kuhnt W, Schulz M, et al. Impacts of orbital forcing and atmospheric carbon dioxide on Miocene ice-sheet expansion[J]. Nature, 2005, 438 (7067): 483 - 487.

[62] Holbourn A, Kuhnt W, Schulz M, et al. Orbitally-paced climate evolution during the middle Miocene "Monterey" carbon-isotope excursion[J]. Earth Planet. Sci. Lett. , 2007, 261 (3 - 4): 534 - 550.

[63] Hoogakker B A A, Rohling E J, Palmer M R, et al. Underlying causes for long-term global ocean δ^{13}C fluctuations over the last 1. 20 Myr[J]. Earth Planet. Sci. Lett. , 2006, 248 (1 - 2): 15 - 29.

[64] Hovan S A, Rea D A. The Cenozoic record of continental mineral deposition on Broken and Ninetyeast Ridges, Indian Ocean: southern African aridity and sediment delivery from the Himalayas[J]. Paleoceanography, 1992, 7

(6)：833 - 860.

[65] Huybers P. Early Pleistocene glacial cycles and the integrated summer insolation forcing[J]. Science, 2006, 313 (5786)：508 - 511.

[66] Huybers P, Wunsch C. Obliquity pacing of the late Pleistocene glacial terminations[J]. Nature, 2005, 434 (7032)：491 - 494.

[67] Imbrie J, Berger A, Boyle E A, et al. On the structure and origin of major glaciation cycles 2. The 100,000-year cycle[J]. Paleoceanography, 1993, 8 (6)：699 - 735.

[68] Imbric J, Imbric J Z. Modeling the climatic response to orbital variations [J]. Science, 1980, 207 (4434)：943 - 953.

[69] Imbrie J D, McIntyre A, Mix A C. Oceanic response to orbital forcing in the late Quaternary：observational and experimental strategies[C]//Climate and geosciences, A challenge for science and society in the 21th century. Kluwer Academic, Boston：1989,121 - 164.

[70] Jackson C S, Marchal O, Liu Y, et al. A box model test of the freshwater forcing hypothesis of abrupt climate change and the physics governing ocean stability [J]. Paleoceanography, 2010, 25 (4), PA4222. doi：10. 1029/2010PA001936.

[71] Jiao N, Herndl G J, Hansell D A, et al. Microbial production of recalcitrant dissolved organic matter：long-term carbon storage in the global ocean[J]. Nat Rev Micro, 2010, 8 (8)：593 - 599.

[72] Köhler P, Fischer H, Schmitt J. Atmospheric $\delta^{13}CO_2$ and its relation to pCO_2 and deep ocean $\delta^{13}C$ during the late Pleistocene[J]. Paleoceanography 25 PA1213. doi：10. 1029/2008PA001703.

[73] Kürschner W M, Kvaček Z, Dilcher D L. The impact of Miocene atmospheric carbon dioxide fluctuations on climate and the evolution of terrestrial ecosystems[J]. PNAS, 2008, 105 (2)：449 - 453.

[74] Kaandorp R J G, Vonhof H B, Wesselingh F P, et al. Seasonal Amazonian

rainfall variation in the Miocene Climate Optimum [J]. Palaeogeogr. Palaeoclimatol. Palaeoecol. , 2005, 221 (1 - 2): 1 - 6.

[75] Kidd R B, Cita M B, Ryan W B F. Stratigraphy of eastern Mediterranean sapropel sequences recovered during Leg 42A and their paleoenvironmental significance[C]//Initial reports of the Deep-Sea Drilling Project 42A. U. S. Government Printing Office, Washington: 1978, 421 - 443.

[76] Krauss W. Rooted in society[J]. Nature Geosci, 2010, 3 (8): 513 - 514.

[77] Kump L R, Arthur M A. Interpreting carbon-isotope excursions: carbonates and organic matter[J]. Chem. Geol. , 1999, 161 (1 - 3): 181 - 198.

[78] Kutzbach J E. Monsoon climate of the early Holocene: climate experiment with Earth's orbital parameters for 9,000 years ago[J]. Science, 1981, 214 (4516): 59 - 61.

[79] Lüthi D, Le Floch M, Bereiter B, et al. High-resolution carbon dioxide concentration record 650,000 - 800,000 years before present[J]. Nature, 2008, 453 (7193): 379 - 382.

[80] Lane E, Peacock S, Restrepo A M. A dynamic-flow carbon-cycle box model and high-latitude sensitivity[J]. Tellus Series, 2006, B 58 (4): 257 - 278.

[81] Langebroek P M, Paul A, Schulz M. Antarctic ice-sheet response to atmospheric CO_2 and insolation in the Middle Miocene[J]. Clim. , 2009, Past 5 (4): 633 - 646.

[82] Laskar J, Robutel P, Joutel F, et al. A long-term numerical solution for the insolation quantities of the Earth[J]. Astronomy & Astrophysics, 2004, 428 (1): 261 - 285.

[83] Lawrence K T, Liu Z H, Herbert T D. Evolution of the eastern tropical Pacific through Plio-Pleistocene glaciation[J]. Science, 2006, 312 (5770): 79 - 83.

[84] Le Mouel J L, Courtillot V, Blanter E, et al. Evidence for a solar signature in 20th-century temperature data from the USA and Europe[J]. C. R.

Geosci. , 2008, 340 (7): 421 – 430.

[85] Lisiecki L E. A benthic δ^{13}C-based proxy for atmospheric pCO$_2$ over the last 1.5 Myr [J]. Geophys. Res. Lett. , 2010a, 37 L21708. doi: 2010GL045109.

[86] Lisiecki L E. Links between eccentricity forcing and the 100,000-year glacial cycle[J]. Nat. Geosci. , 2010b, 3 (5): 349 – 352.

[87] Lisiecki L E. A simple mixing explanation for late Pleistocene changes in the Pacific-South Atlantic benthic δ^{13}C gradient[J]. Clim. Past, 2010c, 6(3): 305 – 314.

[88] Lisiecki L E, Raymo M E. A Pliocene-Pleistocene stack of 57 globally distributed benthic δ^{18}O records[J]. Paleoceanography, 2005, 20, PA1003. doi: 10. 1029/2004PA001071.

[89] Liu Z, Otto-Bliesner B L, He F, et al. Transient simulation of last deglaciation with a new mechanism for Bølling-Allerød Warming [J]. Science, 2009, 325 (5938): 310 – 314.

[90] Liu Z H, Altabet M A, Herbert T D. Plio-Pleistocene denitrification in the eastern tropical North Pacific: Intensification at 2. 1 Ma [J]. Geochem Geophy Geosy, 9, 2008, Q11006. doi: 10. 1029/2008GC002044.

[91] Lockwood M. Recent changes in solar outputs and the global mean surface temperature. III. Analysis of contributions to global mean air surface temperature rise[J]. Proceedings of the Royal Society A: Mathematical, Physical and Engineering Science, 2008, 464 (2094): 1387 – 1404.

[92] Lockwood M, Fröhlich C. Recent oppositely directed trends in solar climate forcings and the global mean surface air temperature[J]. Proceedings of the Royal Society A: Mathematical, Physical and Engineering Science, 2007, 463 (2086): 2447 – 2460.

[93] Lockwood M, Fröhlich C. Recent oppositely directed trends in solar climate forcings and the global mean surface air temperature. II. Different

reconstructions of the total solar irradiance variation and dependence on response time scale[J]. Proceedings of the Royal Society A: Mathematical, Physical and Engineering Science, 2008, 464 (2094): 1367 – 1385.

[94] Loulergue L, Schilt A, Spahni R, et al. Orbital and millennial-scale features of atmospheric CH_4 over the past 800,000 years[J]. Nature, 2008, 453 (7193): 383 – 386.

[95] Loutre M F, Paillard D, Vimeux F, et al. Does mean annual insolation have the potential to change the climate? [J]. Earth Planet. Sci. Lett. , 2004, 221 (1 – 4): 1 – 14.

[96] Lunt D J, Foster G L, Haywood A M, et al. Late Pliocene Greenland glaciation controlled by a decline in atmospheric CO_2 levels[J]. Nature, 2008, 454 (7208): 1102 – 1105.

[97] Ma W T, Tian J, Li Q Y. Astronomically modulated late Pliocene equatorial Pacific climate transition and Northern Hemisphere ice sheet expansion[J]. Chin. Sci. Bull. , 2010, 55 (2): 212 – 220.

[98] Manabe S, Bryan K. Climate calculations with a combined ocean-atmosphere model[J]. Journal of the Atmospheric Sciences, 1969, 26 (4): 786 – 789.

[99] Marlow J R, Lange C B, Wefer G, et al. Upwelling intensification as part of the Pliocene-Pleistocene climate transition[J]. Science, 2000, 290 (5500): 2288 – 2291.

[100] Martinez-Garcia A, Rosell-Mele A, McClymont E L, et al. Subpolar link to the emergence of the modern equatorial Pacific cold tongue[J]. Science, 2010, 328 (5985): 1550 – 1553.

[101] Matsumoto K, Sarmiento J L. A corollary to the silicic acid leakage hypothesis [J]. Paleoceanography, 2008, 23 (2), PA2203. doi: 10. 1029/2007PA001515.

[102] Matsumoto K, Sarmiento J L, Brzezinski M A. Silicic acid leakage from the Southern Ocean: A possible explanation for glacial atmospheric pCO_2[J].

Global Biogeochem.，2002，Cycles 16（3），1031. doi：10.1029/2001GB001442.

[103] McCarthy M D, Beaupre S R, Walker B D, et al. Chemosynthetic origin of ¹⁴C-depleted dissolved organic matter in a ridge-flank hydrothermal system [J]. Nature Geosci, 2011, 4 (1)：32 – 36.

[104] McGuffie K，Henderson-Sellers A. Forty years of numerical climate modelling[J]. Int. J. Climatol.，2001, 21 (9)：1067 – 1109.

[105] McGuffie K，Henderson-Sellers A. A climate modelling primer[M]. J. Wiley，West Sussex, UK：2005，280.

[106] McIntyre A，Molfino B. Forcing of Atlantic equatorial and subpolar millennial cycles by precession[J]. Science，1996, 274 (5294)：1867 – 1870.

[107] McIntyre A, Ruddiman W F，Karlin K，et al. Surface water response of the Equatorial Atlantic Ocean to orbital forcing[J]. Paleoceanography，1989，4 (1)：19 – 55.

[108] Medina-Elizalde M, Lea D W. The mid-Pleistocene transition in the tropical Pacific[J]. Science，2005, 310 (5750)：1009 – 1012.

[109] Medina-Elizalde M, Lea D W, Fantle M S. Implications of seawater Mg/Ca variability for Plio-Pleistocene tropical climate reconstruction[J]. Earth Planet. Sci. Lett.，2008, 269 (3 – 4)：584 – 594.

[110] Milankovitch M. Kanon der Erdbestrahlung und seine Anwendung auf das Eiszeitenproblem[J]. Section Mathematics and Natural Sciences，1941, 33.

[111] Miller K G, Wright J D, Fairbanks R G. Unlocking the ice house: Oligocene-Miocene oxygen isotopes, eustasy, and margin erosion[J]. J. Geophys.，1991, Res. 96 (B4)：6829 – 6848.

[112] Molnar P, Cane M A. El Niño's tropical climate and teleconnections as a blueprint for pre-Ice Age climates[J]. Paleoceanography, 2002, 17 (2)：1021. doi：10.1029/2001PA000663.

[113] Moore J K, Doney S C, Kleypas J A, et al. An intermediate complexity marine ecosystem model for the global domain[J]. Deep Sea Res. , 2002, Part II 49 (1 - 3): 403 - 462.

[114] Niedermeyer E M, Schefuss E, Sessions A L, et al. Orbital- and millennial-scale changes in the hydrologic cycle and vegetation in the western African Sahel: insights from individual plant wax δD and $\delta^{13}C$[J]. Quat. Sci. Rev. , 2010, 29 (23 - 24): 2996 -3005.

[115] Nisancioglu K H. Modeling the impact of atmospheric moisture transport on global ice volume[D]. MIT, 2004.

[116] Pälike H, Norris R D, Herrle J O, et al. The heartbeat of the oligocene climate system[J]. Science, 2006, 314 (5807): 1894 - 1898.

[117] Pagani M, Arthur M A, Freeman K H. Miocene evolution of atmospheric carbon dioxide[J]. Paleoceanography, 1999, 14 (3): 273 - 292.

[118] Pagani M, Liu Z H, LaRiviere J, et al. High Earth-system climate sensitivity determined from Pliocene carbon dioxide concentrations [J]. Nat. Geosci. , 2010, 3 (1): 27 - 30.

[119] Paillard D. The timing of Pleistocene glaciations from a simple multiple-state climate model[J]. Nature, 1998, 391 (6665): 378 - 381.

[120] Paillard D, Parrenin F. The Antarctic ice sheet and the triggering of deglaciations[J]. Earth Planet. Sci. Lett. , 2004, 227 (3 - 4): 263 - 271.

[121] Pearson P N, Palmer M R. Atmospheric carbon dioxide concentrations over the past 60 million years[J]. Nature, 2000, 406 (6797): 695 -699.

[122] Petit J R, Jouzel J, Raynaud D, et al. Climate and atmospheric history of the past 420,000 years from the Vostok ice core, Antarctica[J]. Nature, 1999, 399 (6735): 429 - 436.

[123] Philander S G, Fedorov A V. Role of tropics in changing the response to Milankovich forcing some three million years ago[J]. Paleoceanography, 2003, 18, 1045. doi: 10. 1029/2002PA000837.

[124] Pohlman J W, Bauer J E, Waite W F, et al. Methane hydrate-bearing seeps as a source of aged dissolved organic carbon to the oceans[J]. Nature Geosci, 2011, 4 (1): 37 - 41.

[125] Pollard D. A simple ice sheet model yields realistic 100 kyr glacial cycles [J]. Nature, 1982, 296 (5855): 334 - 338.

[126] Pollard D, DeConto R M. Modelling West Antarctic ice sheet growth and collapse through the past five million years[J]. Nature, 2009, 458 (7236): 329 - 332.

[127] Pope V D, Gallani M L, Rowntree P R, et al. The impact of new physical parametrizations in the Hadley Centre climate model: HadAM3[J]. Clim. Dyn. , 2000, 16 (2): 123 - 146.

[128] Rahmstorf S. Ocean circulation and climate during the past 120,000 years [J]. Nature, 2002, 419 (6903): 207 - 214.

[129] Ravelo A C, Andreasen D H, Lyle M, et al. Regional climate shifts caused by gradual global cooling in the Pliocene epoch[J]. Nature, 2004, 429 (6989): 263 - 267.

[130] Raymo M E. The Himalayas, organic carbon burial, and climate in the Miocene[J]. Paleoceanography, 1994, 9 (3): 399 - 404.

[131] Raynaud D, Chappellaz J, Barnola J M, et al. Climatic and CH_4 cycle implications of glacial-interglacial CH_4 change in the Vostok ice core[J]. Nature, 1988, 333 (6174): 655 - 657.

[132] Rickaby R E M, Bard E, Sonzogni C, Rostek F, et al. Coccolith chemistry reveals secular variations in the global ocean carbon cycle? [J]. Earth Planet. Sci. Lett. , 2007, 253 (1 - 2): 83 - 95.

[133] Rickaby R E M, Elderfield H, Roberts N, et al. Evidence for elevated alkalinity in the glacial Southern Ocean[J]. Paleoceanography, 2010, 25, PA1209. doi: 10.1029/2009PA001762.

[134] Ridgwell A J. Glacial-interglacial perturbations in the global carbon cycle

[D]. University of East Anglia at Norwich, UK, 2001.

[135] Robinson M M, Dowsett H J, Dwyer G S, et al. Reevaluation of mid-Pliocene North Atlantic sea surface temperatures[J]. Paleoceanography, 2008, 23 (3), PA3213. doi: 10.1029/2008PA001608.

[136] Ruddiman W F. Earth's climate: past and future[M]. W. H. Freeman, New York: 2001, 465.

[137] Russon T, Paillard D, Elliot M. Potential origins of 400 – 500 kyr periodicities in the ocean carbon cycle: a box model approach[J]. Global Biogeochem., 2010, Cycles 24 (2), GB2013. doi: 10.1029/2009GB003586.

[138] Saltzman B, Hansen A R, Maasch K A. The late Quaternary glaciations as the response of a three-component feedback system to Earth-orbital forcing [J]. Journal of the Atmospheric Sciences, 1984, 41 (23): 3380 – 3389.

[139] Sarmiento J L, Dunne J, Gnanadesikan A, et al. A new estimate of the $CaCO_3$ to organic carbon export ratio[J]. Global Biogeochem., 2002, Cycles 16 (4), 1107. doi: 10.1029/2002GB001919.

[140] Sarmiento J L, Toggweiler J R. A new model for the role of the oceans in determining atmospheric P_{CO_2}[J]. Nature, 1984, 308 (5960): 621 – 624.

[141] Sarnthein M, Bartoli G, Prange M, et al. Mid-Pliocene shifts in ocean overturning circulation and the onset of Quaternary-style climates[J]. Clim., 2009, Past 5 (2): 269 – 283.

[142] Shackleton N J. The 100,000-year ice-age cycle identified and found to lag temperature, carbon dioxide, and orbital eccentricity[J]. Science, 2000, 289 (5486): 1897 – 1902.

[143] Shackleton N J, Backman J, Zimmerman H, et al. Oxygen isotope calibration of the onset of ice-rafting and history of glaciation in the North Atlantic region[J]. Nature, 1984, 307 (5952): 620 – 623.

[144] Shackleton N J, Hall M A, Pate D. Pliocene stable isotope stratigraphy of

Site 846[C]//Proc. Ocean Drilling Program Sci. Results, 1995: 337 – 355.

[145] Shevenell A, Kennett J P. Paleoceanographic change during the middle Miocene climate revolution: an Antarctic stable isotope perspective[C]// The Cenozoic Southern Ocean: Tectonics, sedimentation and climate change between Australia and Antarctia, Geophysical Monograph Series. Geophysical Union, Washington, DC, 2004, 151: 235 – 252.

[146] Short D A, Mengel J G, Crowley T J, et al. Filtering of milankovitch cycles by earth's geography[J]. Quat. Res. , 1991, 35 (2): 157 – 173.

[147] Siddall M, Rohling E J, Almogi-Labin A, Hemleben C, et al. Sea-level fluctuations during the last glacial cycle[J]. Nature, 2003, 423 (6942): 853 – 858.

[148] Siegenthaler U, Stocker T F, Monnin E, et al. Stable carbon cycle-climate relationship during the late Pleistocene[J]. Science, 2005, 310 (5752): 1313 – 1317.

[149] Siegenthaler U, Wenk T. Rapid atmospheric CO_2 variations and ocean circulation[J]. Nature, 1984, 308 (5960): 624 – 626.

[150] Sigman D M, Boyle E A. Glacial/interglacial variations in atmospheric carbon dioxide[J]. Nature, 2000, 407 (6806): 859 – 869.

[151] Sigman D M, Jaccard S L, Haug G H. Polar ocean stratification in a cold climate[J]. Nature, 2004, 428 (6978): 59 – 63.

[152] Smagorinsky J. General circulation experiments with the primitive equations[J]. Monthly Weather Review, 1963, 91 (3): 99 – 164.

[153] Smagorinsky J, Manabe S, Holloway J L. Numerical results from a nine-level general circulation model of the atmosphere[J]. Monthly Weather Review, 1965, 93 (12): 727 – 768.

[154] Solomon S, Qin D, Manning M, et al. Climate change 2007: the physical science basis: contribution of Working Group I to the Fourth Assessment Report of the Intergovernmental Panel on Climate Change[J]. Cambridge

University Press, 2007, 996.

[155] Thomson D J. Spectrum estimation and harmonic analysis[J]. Proc. IEEE, 1982, 79: 1055 – 1096.

[156] Tian J, Shevenell A, Wang P X, et al. Reorganization of Pacific Deep Waters linked to middle Miocene Antarctic cryosphere expansion: A perspective from the South China Sea[J]. Palaeogeogr. Palaeoclimatol. Palaeoecol. , 2009, 284 (3 – 4): 375 – 382.

[157] Tian J, Zhao Q, Wang P, et al. Astronomically modulated Neogene sediment records from the South China Sea[J]. Paleoceanography, 2008, 23 (3): PA3210. doi: 10. 1029/2007PA001552.

[158] Timmermann A, Menviel L. What drives climate flip-flops? [J]. Science, 2009, 325 (5938): 273 – 274.

[159] Toggweiler J R. Variation of atmospheric CO_2 by ventilation of the ocean's deepest water[J]. Paleoceanography, 1999, 14 (5): 571 – 588.

[160] Toggweiler J R. Origin of the 100, 000-year timescale in Antarctic temperatures and atmospheric CO_2[J]. Paleoceanography, 2008, 23 (2): PA2211. doi: 10. 1029/2006PA001405.

[161] Toggweiler J R, Lea D W. Temperature differences between the hemispheres and ice age climate variability[J]. Paleoceanography, 2010, 25: PA2212. doi: 10. 1029/2009PA001758.

[162] Toggweiler J R, Russell J L, Carson S R. Midlatitude westerlies, atmospheric CO_2, and climate change during the ice ages [J]. Paleoceanography, 2006, 21 (2): PA2005. doi: 10. 1029/2005PA001154.

[163] Tripati A K, Roberts C D, Eagle R A. Coupling of CO_2 and ice sheet stability over major climate transitions of the last 20 million years[J]. Science, 2009, 326 (5958): 1394 – 1397.

[164] Tziperman E, Gildor H. On the mid-Pleistocene transition to 100 – kyr glacial cycles and the asymmetry between glaciation and deglaciation times

[J]. Paleoceanography, 2003, 18 (1): 1001. doi: 10.1029/2001PA000627.

[165] Tziperman E, Raymo M E, Huybers P, et al. Consequences of pacing the Pleistocene 100 kyr ice ages by nonlinear phase locking to Milankovitch forcing [J]. Paleoceanography, 2006, 21 (4), PA4206. doi: 10.1029/2005PA001241.

[166] UNESCO. 10th report of the joint panel on oceanographic tables and standards[J]. UNESCO Tech. Pap. in Mar. Sci., Paris, 1981.

[167] Verschuren D, Sinninghe Damste J S, Moernaut J, et al. Half-precessional dynamics of monsoon rainfall near the East African Equator[J]. Nature, 2009, 462 (7273): 637 - 641.

[168] Vincent E, Berger W H. Carbon dioxide and polar cooling in the Miocene: The Monterey hypothesis[C]//The carbon cycle and atmospheric CO_2: Natural variations archean to present. Geophysical Monograph Series, 32. American Geophysical Union, Washington, DC, 1985: 455 - 468.

[169] Wade B S, Pälike H. Oligocene climate dynamics[J]. Paleoceanography, 2004, 19 (4), PA4019. doi: 10.1029/2004PA001042.

[170] Waelbroeck C, Labeyrie L, Michel E, et al. Sea-level and deep water temperature changes derived from benthic foraminifera isotopic records[J]. Quat. Sci. Rev., 2002, 21 (1 - 3): 295 - 305.

[171] Walker J C G, Kasting J F. Effects of fuel and forest conservation on future levels of atmospheric carbon dioxide[J]. Global Planet., 1992, Change 5 (3): 151 - 189.

[172] Wan S M, Kurschner W M, Clift P D, et al. Extreme weathering/erosion during the Miocene Climatic Optimum: Evidence from sediment record in the South China Sea[J]. Geophys. Res. Lett., 2009, 36 L19706. doi: 10.1029/2009GL040279.

[173] Wang P X. Global monsoon in a geological perspective[J]. Chin. Sci. Bull., 2009, 54 (7): 1113 - 1136.

[174] Wang P X, Tian J, Cheng X R, et al. Carbon reservoir changes preceded major ice-sheet expansion at the mid-Brunhes event[J]. Geology, 2003, 31 (3): 239 - 242.

[175] Wang P X, Tian J, Cheng X R, et al. Major Pleistocene stages in a carbon perspective: The South China Sea record and its global comparison[J]. Paleoceanography, 2004, 19 (4), PA4005. doi: 10. 1029/2003PA000991.

[176] Wang P X, Tian J, Lourens L J. Obscuring of long eccentricity cyclicity in Pleistocene oceanic carbon isotope records[J]. Earth Planet. Sci. Lett. , 2010, 290 (3 - 4): 319 - 330.

[177] Wang Y J, Cheng H, Edwards R L, et al. A high-resolution absolute-dated late Pleistocene monsoon record from Hulu Cave, China[J]. Science, 2001, 294 (5550): 2345 - 2348.

[178] Wang Y J, Cheng H, Edwards R L, et al. Millennial- and orbital-scale changes in the East Asian monsoon over the past 224,000 years[J]. Nature, 2008, 451 (7182): 1090 - 1093.

[179] Wara M W, Ravelo A C, Delaney M L. Permanent El Niño-like conditions during the Pliocene warm period[J]. Science, 2005, 309 (5735): 758 - 761.

[180] Wheat C G, McManus J, Mottl M J, et al. Oceanic phosphorus imbalance: Magnitude of the mid-ocean ridge flank hydrothermal sink[J]. Geophys. Res. Lett. , 2003, 30 (17), 1895. doi: 10. 1029/2003GL017318.

[181] Woodruff F, Savin S. Mid-Miocene isotope stratigraphy in the deep sea: High-resolution correlations, paleoclimatic cycles, and sediment preservation[J]. Paleoceanography, 1991, 6 (6): 755 - 806.

[182] Wright J D, Miller K G, Fairbanks R G. Early and middle Miocene stable isotopes: Implications for deepwater circulation and climate [J]. Paleoceanography, 1992, 7 (3): 357 - 389.

[183] Yamanaka Y, Tajika E. The role of the vertical fluxes of particulate organic matter and calcite in the oceanic carbon cycle: Studies using an

ocean biogeochemical general circulation model[J]. Global Biogeochem. , 1996, Cycles 10 (2): 361 - 382.

[184] You Y, Huber M, Muller R D, et al. Simulation of the Middle Miocene Climate Optimum [J]. Geophys. Res. Lett. , 2009, 36 L04702. doi: 10. 1029/2008GL036571.

[185] Zachos J, Pagani M, Sloan L, et al. Trends, rhythms, and aberrations in global climate 65 Ma to present[J]. Science, 2001a, 292 (5517): 686 - 693.

[186] Zachos J C, Shackleton N J, Revenaugh J S, et al. Climate response to orbital forcing across the Oligocene-Miocene boundary. Science, 2001b, 292 (5515): 274 - 278.

[187] Zeebe R E, Wolf-Gladrow D A. CO_2 in seawater: equilibrium, kinetics, isotopes. Elsevier oceanography series[J]. Elsevier, New York: 2001, 346.

[188] Zhao Q, Wang P, Cheng X, et al. A record of Miocene carbon excursions in the South China Sea[J]. Science in China Series D: Earth Sciences, 2001, 44 (10): 943 - 951.

[189] 汪品先.气候变化中的冰与碳[J].地学前缘,2002,9 (1): 85 - 93.

[190] 汪品先.下次冰期预测之谜[J].海洋地质与第四纪地质,2003,23 (1): 1 - 6.

[191] 汪品先.低纬过程的轨道驱动[J].第四纪研究,2006,26 (5): 694 - 701.

[192] 汪品先.穿凿地球系统的时间隧道[J].中国科学 D 辑: 地球科学,2009,30 (10): 1313 - 1338.

[193] 汪品先,田军,成鑫荣,等.探索大洋碳储库的演变周期[J].科学通报,2003, 48 (21): 2216 - 2227.

后　记

　　值此 110 周年校庆之际,研究生院与同济大学出版社牵头组织、策划出版"同济博士论丛"。本人的研究成果有幸列入其中,感激之情难以言表。

　　2007 年我有幸考入同济大学攻读博士学位。回想漫漫求学之路,来到同济是我人生的一个重要转折,由此开启了我的科研之路。一路上,所思所感颇多,想表达的感激之情一时之间竟不知从何谈起。

　　首先,我非常庆幸能进入同济大学海洋学院古环境组这个集体中,是这里良好的科研环境使我对科学研究产生了兴趣。记得刚来组里不久就参加了一次小型学术讨论会,我留意到每个报告人在开场都明确地说明了自己研究的科学目的。这个讨论会给我留下了深刻的印象,这也促使我以后会经常思考所做工作的目标是什么。学院里各种学术报告开阔了我的眼界,不同的研究方向都让我觉得很有乐趣。在这样良好的学术氛围中,我不知不觉地来到了科学研究的殿堂。

　　而引导我真正进入科研之门的,则是李前裕教授和田军教授。李前裕教授是我的导师,当初从同学那里得知的一条招生信息,详细了解之后遂决定报考之。当时,我的目的很简单,希望能了解国外研究生的培养模式,多学点真本事。李老师是有孔虫领域的专家,同时也对地学其他领域有广泛的兴趣和研究。李老师根据我的背景，一开始并没有给我指定具体的研究方向，而是为我创造了宽松的科研环境，鼓励我去参加各种会议，给我引见了多位不同的老师。在李老师的推荐下，我才能有幸参加海上大学，使我这个做模拟的学生也有了一次珍贵而难忘的出海经历。入学一年之后，我开始了博士论文的碳循环模拟工作。感谢李老师对我的信任，每次汇报工作时他都对我的工作态度表示肯定，也提出了很多建设性意见，给予我非常多的鼓励。我的一篇英文文章李老师修改语言表达达4次以上，汗颜之后也是满心感谢。

正是在李老师的引荐下我结识了田军教授。田老师在我的学习之路上给予了很多具体指导。比如，给我介绍演化谱方法、箱式模型，这些都成为本书的重要工具。在田老师的点拨下我才了解了古气候研究的一些具体问题，写出了第一篇SCI文章，找到了论文的具体研究内容，投出了第一篇英文文章。他安排我去美国参加PAGES会议，去IODP岩芯库采样也成为记忆深刻的经历。感谢李前裕和田军老师三年多来对我学习上、生活上的指导和关心，两位真是亦师亦友！

万分荣幸的是，博士期间我还得到了汪品先院士的许多帮助。汪先生一直关注热带过程对碳循环的重要作用。本书的许多思路都源于汪先生提出的工作假说。汪先生也很关心我的研究进展，期间还和我有过多次学术讨论，提出了不少宝贵建议。汪先生资助我参加了IODP INVEST会议，让我了解到学科发展的最前沿和发展方向；推荐我去北京参加了中科院和基金委组织的碳循环与气候变化研讨会，这些，都是对我这个晚辈极大的信任与肯定。

读博期间我还在青岛、西安和上海参加了多次讲习班，认识了林间、牛耀龄、黄瑞新等诸位华人科学家。他们在逆境中始终保持对科学的热情，如今终于取得非凡的成就给我留下了深刻的印象。不仅如此他们对年轻人也充满期待，鼓励我们年轻人应站在"巨人"的旁边，学习不同学科的知识,扩大自己的知识范围。这些充满热情的科学家以及汪先生的楷模形象,一直影响着我的科研态度,成为激励我不断前行的动力,借此机会向他们致敬!

此外,在本书写作工作中,美国地球物理流体动力学实验室(GFDL)的 Toggweiler 给予了我很大的帮助。他将箱式模型程序源代码发送给我,和我进行学术讨论,对我的手稿提出许多意见,使其不断完善。王跃同学帮助我将程序移植到 Unix 平台下运行,给我讲解 Unix 系统的一些使用方法。叶黎明博士在 SST 轨道周期分析工作中给予过帮助与启发。读博初期,我还有幸参加过钟广法教授的科研项目,钟老师也给我博士阶段的学习提出过不少宝贵意见,并一直关心我研究进展情况。整个博士期间,古环境组全体研究生是一个和谐的群体,很多人在学习和生活上都曾给予过我无私的帮助,在此,我衷心地一并表示感谢。

本书受国家重点基础研究发展计划(批准号:2007CB815902),国家自然科学基金(批准号:40776028,40621063,40976024,41076017)、高等学校全国优秀博士学位论文作者专项资金(批准号:2005036),上海启明星计划(批准号:10QH1402600),教育部新世纪优秀人才支持计划(批准号:NCET‐08‐0401)和霍英东青年教师基金(批准号:111016)资助项目。

马文涛